U0195449

藻类资源开发与利用丛书

绿球藻多糖的提取优化及其 在食品保鲜技术中的开发与应用

刘旭东　著

海洋出版社

2022年·北京

图书在版编目（CIP）数据

绿球藻多糖的提取优化及其在食品保鲜技术中的开发
与应用／刘旭东著. —北京：海洋出版社，2022.9
　ISBN 978-7-5210-1001-5

Ⅰ. ①绿…　Ⅱ. ①刘…　Ⅲ. ①绿球藻目-多糖-提取
②绿球藻目-多糖-应用-食品保鲜　Ⅳ. ①Q949.21②TS205

中国版本图书馆 CIP 数据核字（2022）第 161640 号

责任编辑：高朝君
责任印制：安　淼

海洋出版社 出版发行

http：//www.oceanpress.com.cn

北京市海淀区大慧寺路 8 号　邮编：100081
鸿博昊天科技有限公司印刷
2022 年 9 月第 1 版　　2022 年 9 月北京第 1 次印刷
开本：710mm×1000mm　1/16　印张：10.5
字数：151 千字　　定价：78.00 元
发行部：010-62100090　邮购部：010-62100072
总编室：010-62100034
海洋版图书印、装错误可随时退换

前　言

随着人们生活水平的提高，食品安全受到越来越多的关注。食品的生产，从原材料到成品的一系列流程，涉及方方面面的污染。这些污染会导致食品营养成分的流失和腐败变质，进而影响全民的健康生活水平。近年来，生物保鲜技术的开发已成为保障食品质量和安全的重要发展方向之一。

由于传统塑料包装膜不可降解，大量使用会对自然环境造成严重白色污染，破坏生态平衡；同时，合成塑料是以石油能源为原料制备而成，加重了能源危机，与可持续发展理念相悖；并且食品包装材料中含有增塑剂等一些添加剂，这些材料会对人体健康产生危害。因此，人们希望开发具有天然、可代谢和无残留等特点的保鲜技术。生物保鲜是利用天然产物，如植物提取物、细菌素、壳聚糖和香辛料提取物等替代合成保鲜剂，符合人们对食品安全和健康的要求。因此，研制生物包装材料替代传统塑料膜是社会发展的需要，也是科技研发的重要方向。在生物保鲜技术研发中，复合活性包装膜是当前十分具有开发潜力的新型食品包装技术。这种技术通过向壳聚糖保鲜膜中混入天然抗氧化剂和抗菌剂，赋予了食品包装材料抗菌、抗氧化等新功能，因而受到各界广泛的关注。因此，以多糖为基料的复合活性包装膜也将是食品包装业未来发展的趋势。其中，从绿球藻中提取出的绿球藻多糖正是这样一类理想的活性包装膜添加物。

绿球藻（*Chlorococcum*）属绿藻门，是一种单细胞微藻，富含丰富的多糖、蛋白质、黄酮类、酚类、β-胡萝卜素等，具有生长速度快、适应性强、在人工培养下能够大量繁殖、占地面积小、生产成本低等优势，在食品、医药化工、农业、饲料等方面应用广泛。绿球藻多糖是从绿球藻中提取得到的多糖，是一类水溶性大分子聚合物，呈淡绿色粉末状，具有抗氧化、抗衰老、抗病毒、抗菌、抗辐射、抗肿瘤、调节免疫、降血糖和降血脂等作用，对人体无毒，因此在实践应用上具有很大的开发潜力。藻多糖的分子结构中含有羟基、羧基等极性基团，遇水后能与水分子形成氢键，从而表现出优良的吸湿性能和保湿性能，而多糖又具有良好的成膜性，可以减少水分的蒸发。因此，绿球藻多糖天然无毒副作用、可保湿、能降解决定了其作为食品包装膜的可行性，而使用绿球藻多糖和壳聚糖相互复合制备的食品包装膜具有的成本低、绿色环保、更优的抗氧化性和抑菌性等特点则更加凸显了其作为复合活性包装膜的优势。可以预料的是，添加绿球藻多糖将提高复合膜的保鲜效果，延长食品货架期，这对呵护人类健康、保障食品品质具有重要意义。

本书围绕绿球藻多糖在食品保鲜技术中的开发应用，首先通过单因素实验和响应面法对绿球藻多糖的提取工艺进行了优化，在测定分离纯化后多糖的纯度和结构信息分析基础上，进一步研究了其抗氧化性能和对常见食品致病菌的抑菌活性，并最终成功制备了壳聚糖/绿球藻多糖复合膜。通过对复合膜各项性能进行测定，分析了将其应用于复合膜的食品工艺制备前景，为壳聚糖/绿球藻多糖复合膜的进一步开发提供了科学依据，也为绿球藻的应用开辟了新的路径。

　　本书的研究工作得到了山西大学生命科学学院藻类资源利用课题组谢树莲教授、冯佳教授、吕俊平教授、刘琪副教授、南芳茹副教授、孙彦峰硕士、李旭东硕士、张秀娟硕士等的大力帮助和支持，特别感谢谢树莲教授在书稿撰写中给予的指导、帮助和支持！

　　由于笔者水平有限，书中定有疏漏和欠妥之处，敬请读者批评指正。

　　本书的研究工作同时得到国家自然科学基金项目（31900187）、山西省应用基础研究项目面上青年基金项目（201901D211132）和山西大学校庆学术专著资助经费的支持。

2022 年 1 月于太原

目　录

第1章　绿球藻多糖概述

1.1　绿球藻简介

绿球藻（*Chlorococcum*）是一种单细胞微藻，隶属于绿藻门（Chlorophyta）、绿藻纲（Chlorophyceae）、衣藻目（Chlamydomonadales）、绿球藻科（Chlorococcaceae）。藻体常富含丰富的多糖、蛋白质、黄酮类、酚类、β-胡萝卜素等，没有真正生长性的细胞分裂，只有在显微镜下才能分辨其形态结构。绿球藻在自然环境中营气生或亚气生生活，亦可存在于水中（毕列爵 等，2004），产地广泛分布于世界各地（Guiry et al.，2022）。本研究使用的藻种为一株与钝叶绢藓植物（*Entodon obtusatus*）共生的绿球藻（*Chlorococcum* sp. GD）（Feng et al.，2016；见图1.1），采自山西省吕梁市关帝山八水沟景区的华北落叶松林下，藻种存于山西大学生命科学学院藻类资源利用实验室。

我国微藻资源品种繁多，含有丰富的营养，它们普遍具有生长速度快、适应性强、在人工培养下能够大量繁殖，且占地面积小、生产成本低等优势。研究发现，微藻中含有丰富的多糖、色素、蛋白质、不饱和脂肪酸、酚类等营养物质（曹健 等，1996；卢仡 等，2011；Singh et al.，2005）。藻细胞表面的多糖则具有细胞间通信识别、信息传递、物质交换和运输、免疫等重要功能。

因此，微藻的开发前景非常广阔。目前，微藻可以实现大规模培养，在医药化工、农业、食品、饲料等方面已被广泛应用。由于微藻富含蛋白

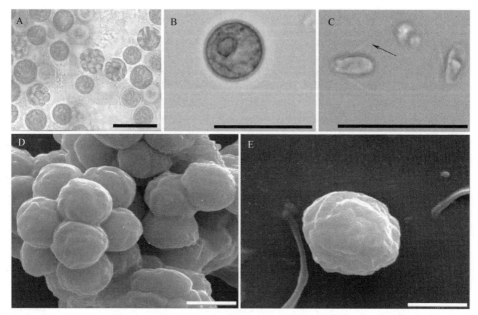

图 1.1 绿球藻（*Chlorococcum* sp. GD）形态学图片

A~C 为光学显微形态。A. 绿球藻群体；B. 成熟细胞形态；C. 动孢子形态。

D~E 为亚显微结构。D. 群体细胞表面形态；E. 单独细胞表面形态

质且氨基酸含量较高，常被用于食品加工生产，不仅能够提供人体所必需的氨基酸（汪志平 等，2000），还能够提供丰富的营养物质。微藻中提取的糖类、胡萝卜素等可用于保健食品行业（阿尔贝·萨松，1991），而藻多糖由于具有抗肿瘤、降血糖血脂等特性，也已在医疗保健方面成为新药物的研发热点（赵海田 等，2004）。另外，微藻也被证明在补充维生素等所需营养物质方面具有显著效果（申开泽 等，2013）。在饲料开发领域，将微藻添加到饲料中用于水产养殖和畜禽类养殖，能有效改善动物的生长状态，提高机体的免疫力（马宇翔 等，2002）。在废水处理领域，微藻同样展现了广阔的前景。微藻可利用光合作用将污水中的氮、磷转变成氨基酸、蛋白质等有机物，使其成为自身所需的营养物质，同时释放氧气（Philips et al.，2002）。在果蔬保鲜上，微藻多糖配合低温贮藏可有效降低果蔬的生理代谢速率，从而延缓果蔬的衰老和抑制腐烂的发生，以达到延长果蔬货架期的

效果。同时，微藻多糖具有胶凝成膜性和特殊的生理活性（卢立新，2005），可作为可食性涂膜的结构材料（谢国芳 等，2012），广泛应用于葡萄（贾慧敏 等，2009；李桂峰，2005）、芒果（胡映霞 等，2005）和草莓（丁晓君 等，2009）等水果的保鲜中。微藻多糖作为新型吸附剂，优点是多糖官能团的吸附位点和离子之间的相互作用能很好地吸附金属离子（Acosta et al.，2005）。由于化石能源为非再生能源，储量有限，且燃烧化石能源易加重环境污染，因此研制具有替代性的能源迫在眉睫。微藻光合作用效率高，可以通过细胞内代谢将自身的光合产物合成生物柴油的原料——三酰甘油，也可通过酯反应将微藻细胞中的油脂转化为生物柴油，从而替代石油能源（张惟杰，1999）。

　　绿球藻作为一种代表性的小型球状绿藻，具有同类微藻的生产优势，且营养丰富，因此具有广阔的应用前景和丰富的研究价值。本书以绿球藻为研究对象，主要探究其在藻多糖方面的开发和应用。

1.2　藻多糖及其主要功能

　　多糖作为一种多聚物，是由醛糖和（或）酮糖通过糖苷键以共价键的形式结合起来的，也是由不同聚合程度的物质相互混合的混合物质（谭周进 等，2002；陈群 等，2001）。多糖、蛋白质和核酸是生物体内三类重要的生物大分子，是构成生物体的重要有机化合物。多糖在生物界中分布极广，几乎存在于所有的动物、植物和微生物体中。自 20 世纪 70 年代起，糖类物质的研究逐渐引起了广泛关注。多糖的种类多样、资源丰富，并且安全、无毒，具有可再生性和可降解性等独特的理化性质，广泛地参与生命过程的许多方面（张惟杰，1999），在食品和医药领域有广阔的应用前景。

　　绿球藻多糖是从绿球藻中提取得到的多糖，是一类水溶性大分子聚合物，呈淡绿色粉末状，对人体无毒。研究表明，绿球藻多糖是天然大分子活性产物，由不同单糖残基通过糖苷键连接而成，形成独特的分子结构，具有延缓衰老、抗病毒、抗肿瘤、抗血栓和抗辐射的特性，同时具有降低血糖及调节机体免疫等功能（Sarada et al.，2011；Mallikarjun Gouda et al.，2015；Kurd et al.，2015；Wu et al.，2017；Yim et al.，2004）。因此，绿球藻多糖在实践应用上具有很大的开发潜力。

由于藻多糖的分子结构中含有羟基、羧基等极性基团，遇水后能与水分子形成氢键，从而表现出优良的吸湿性能和保湿性能（Khor et al.，2003）；并且微藻多糖又具有良好的成膜性，可以减少水分的蒸发（Sebti et al.，2002）；同时藻多糖天然无毒副作用、可保湿、能降解，具有抗氧化功能。因此，将微藻多糖作为天然食品添加剂应用在食品和保健等领域中已成为研究热点。

1.2.1 多糖的抗氧化和抗衰老作用

生物机体在正常生长代谢过程中会产生活性氧自由基，这些自由基会引发糖尿病等多种疾病。机体同时也存在防御机制，使正常机体内活性氧自由基与防御机制形成平衡（Halliwell，1992）。但由于其他原因造成活性氧自由基过多时，将会引发各种疾病，因此抗氧化损伤的研究越来越热门。微藻多糖可以通过清除对机体有毒害作用的自由基等物质，达到抗氧化效果，进而延缓衰老。已有研究表明，从螺旋藻中提取得到的多糖具有较高的抗氧化性能，能够有效清除 OH 自由基，因此具有延缓衰老的作用（王德培，1997；高玲，2011）。

1.2.2 多糖的抗病毒、抗菌和抗辐射作用

多糖具有抗病毒和抗菌作用，还可增强抗辐射的能力。研究表明，螺旋藻多糖可明显抑制单纯疱疹 1 型和 2 型病毒的复制，并干扰该病毒对宿主细胞的吸附（于红 等，2002）。螺旋藻多糖也可对乙型肝炎病毒造成拮抗作用（李建涛 等，2013）。另外，通过向小鼠体内注入螺旋藻多糖来研究螺旋

藻多糖对辐射的抗性，结果表明，螺旋藻多糖对辐射具有较高的抗性作用（刘永举 等，2014）。

1.2.3　多糖的抗肿瘤和调节免疫作用

多糖具有抗肿瘤和调节免疫的作用。目前研究表明，多糖具有抗肿瘤的作用机理主要是由于多糖可增强机体免疫力，并且可诱导肿瘤细胞分化或凋亡（刘秋英 等，2003）。陈宏硕等（2014）的研究表明，螺旋藻多糖不仅可以对 H22 肿瘤有抑制作用，还有助于提高免疫能力。徐小娟等（2012）研究表明，螺旋藻多糖可以抑制 HT-29 细胞的生长并诱导其凋亡，从而对结肠癌 HT-29 起到抑制作用。吕小华等（2014）的研究表明，微藻多糖可以提高由环磷酰胺导致免疫能力下降的小鼠的免疫能力。此外，微藻多糖对溃疡也能起到抵抗作用。

1.2.4　多糖的降血糖和血脂作用

多糖主要通过清除机体内自由基以达到降低血糖和血脂的作用。研究发现，藻多糖可以有效地降低血糖（陈雷 等，2011）。左绍远等（2000）以小鼠为研究对象，进一步证明螺旋藻多糖可以显著降低血糖和血脂。

1.3　藻多糖的提取方法

提取是对多糖进行分离纯化和活性探讨的首要基础。因此，如何最大限度地获得多糖也成了众多研究者研究的目标。多糖是生物大分子物质，极性大，所以常易溶于水，而难溶于有机溶剂。一般在提取多糖前对原材料进行预处理。通常先用甲醇或者 80% 左右浓度的乙醇、丙酮等有机溶剂浸泡以去除脂溶性成分、低聚糖、色素和小分子物质等（Ma et al.，2012；Wang et al.，2012；Liu et al.，2015）。

目前，常用的多糖提取方法包括溶剂浸提法（热水浸提法、酸碱浸提法）、微波提取法、超声波提取法、酶提取法、超高压提取法、超临界提取法及利用动态高压微射流技术及联合提取等。其中，热水浸提法具有操作简单、成本低、得率较高、环境友好等特点，且提取设备简单，能最大限度地保持多糖结构及活性，是多糖提取中最为经典及使用广泛的方法（Shen et al.，2014；Feng et al.，2015；Sun et al.，2010；Pan et al.，2013）。

1.3.1　溶剂浸提法

溶剂浸提法采用水、碱、酸等作为溶剂浸提多糖。目前热水浸提法是提取藻多糖比较普遍的方法，此方法不需要特殊的仪器设备，操作方便。碱液浸提法适用于在偏碱性溶液中溶解性好的多糖，操作烦琐。在酸性溶液中，由于多糖的糖苷键易断裂，所以酸液浸提法较少采用。

1.3.2　微波提取法

微波提取法是在微波的电磁场作用下使细胞内外形成压力差致细胞破裂，让细胞内含物更容易浸出，促使被萃取物质向萃取溶剂扩散。此方法具有节能、操作简单、提取时间短等优点。它是根据植物细胞中各物质吸收微波能力的不同，选择性地使细胞内分子温度升高，增大细胞内压，破坏细胞膜和细胞壁，使有效成分进入周围提取溶剂的方法，具有提取快速、效率高和环保的优点。有人将这种方法用于藻类多糖的提取，如黎庆涛等（2011）用微波提取法提取鼠尾藻多糖，刘四光等（2007）用微波提取法提取海洋微藻多糖。

1.3.3　超声波提取法

超声波作用可以破坏细胞组织，使细胞中的有效成分更容易浸出（赵纪峰 等，2007）。张萍等（2009）研究表明，超声波提取法具有有效缩短提取时间、提高提取效率、节能等特点。该方法利用超声波高频振荡的空化作用破坏细胞结构，使提取溶剂易于渗入细胞内部，加快多糖溶解和溶出，从而快速、高效地提取多糖。尚俊英等（2007）将超声波提取法与热水浸提法进行比较，结果表明在 60℃水浴下进行超声波处理 1 h，其螺旋藻多糖的提取率远远高于单纯的热水浸提法。

1.3.4　酶提取法

根据细胞壁的组成，使用对应酶将细胞壁的组成成分水解或降解，破坏细胞壁结构，使细胞内多糖释放，提高多糖得率。酶提取法的优点是反应条件温和、提取率较高、对多糖结构破坏小。酶提取法虽然具有高效、方便的特点，但是对实验室的要求较高，操作烦琐，时间较长，所以较少用到。

1.4　多糖的分离纯化

提取得到的粗多糖中一般含有较多的色素、蛋白质、低聚糖等杂质，这些杂质会影响后续的纯化、活性测定等，因此需要对粗多糖进行初步的分离。去除蛋白质常用的方法有 Sevage 法、三氯乙酸法、三氟三氯乙烷法、等电点法、酶法等。Sevage 法是使用最多和最为经典的方法，但存在需要有机溶剂多、耗时长、多糖损失大等缺点；酶法条件温和，效果良好（Wang et al.，2009）。不少研究者将 Sevage 法与酶法联用，取得了较好的去蛋白效果（伍善广 等，2011；周鸿立 等，2011）。

多糖脱色常用的方法有吸附法（活性炭、树脂、纤维素等）、过氧化氢法、金属络合物法等。吸附法较为常用，一般采用树脂通过吸附解吸附去除色素。由于树脂种类较多，需要针对具体的多糖筛选出最适合的树脂。Yang 等（2012）采用 6 种树脂对从南瓜残渣发酵液提取得到的多糖进行脱色考察，发现 S-8 效果最佳，脱色率为 84.3%。Liu 等（2010）对多黏类芽孢杆菌胞外多糖进行脱色研究，也发现 S-8 效果最好，脱色率达 84.6%。活性炭颗粒较小，脱色后多糖中残留的活性炭颗粒难以去除（金路 等，2015）。过氧化氢法是用化学的方法使得色素氧化褪色，一般在碱性环境、一定温度下进行，需严格控制 pH、温度及反应时间。Xie 等（2011）优化了青钱柳多糖的 H_2O_2 脱色工艺，得到最佳的条件为：多糖浓度 0.5 mg/mL，H_2O_2 浓度 0.623 m mol/L，温度 40℃，pH 值 9.0，该条件下多糖的脱色率达到 84.1%，液相、红外和核磁共振图谱显示经 H_2O_2 脱色多糖结构未发现显著变化。低聚糖、寡糖、无机盐等小分子杂质可以通过透析、超滤等方式去除（GONG et al.，2015；Zhao et al.，2007）。

1.4.1　分级沉淀法

1.4.1.1　有机溶剂沉淀法

在不同浓度的有机溶剂（如乙醇）中，不同的多糖组分有不同的溶解度，因此可以通过加入不同浓度的有机溶剂使不同的多糖组分分开。Bian 等（2010）从柠条锦鸡儿中提取多糖，利用乙醇分级醇沉分离得到 6 个窄分布组分，分子量从 14 890~58 900 g/mol 不等，多分散性系数为 1.19~1.58。Zou 等（2013）从红松松塔中热水浸提多糖，然后分级醇沉得到 A、B、C、D、E 5 个组分，分子量分布于 5 120.1~6 881.6 kDa，随着醇沉浓度的加大，分子量逐渐变小。Li 等（2016）碱提玉米芯多糖，再通过分级醇沉及不同的干燥方式获得 6 个次级组分，结果显示，同一醇沉浓度不同干燥方式的组分具有相似的糖组成、分子量及官能团，但热力学特点存在较大差异。

1.4.1.2　季铵盐沉淀法

通过向酸性多糖与中性多糖的混合物中加入季铵盐［如十六烷基三

甲基溴化铵（CTAB）〕发现，季铵盐可与酸性多糖形成沉淀，因而将酸性多糖与中性多糖分开。不同强度的酸性多糖可通过控制季铵盐的浓度获得。Redgwell 等（2011）将 CTAB 加入枸杞可溶性多糖中获得上清组分 WSP-1 及沉淀组分 WSP-2，将这两个组分经 DEAE-Sepharose 层析，分别得到 0.05M、0.1M、0.2M、0.4M、0.8M 等亚组分。单糖组成显示，WSP-1 亚组分的糖醛酸含量较低，摩尔百分比在 2.8～17.4 之间，WSP-2 亚组分的糖醛酸含量较高，摩尔百分比为 50.5～90.1。

1.4.1.3　盐析沉淀法

不同分子量的多糖在盐溶液〔如 NaCl、KCl、$(NH_4)_2SO_4$〕中溶解度不同，加入不同浓度的盐溶液会得到不同分子量的多糖。通常低浓度盐溶液沉淀得到的多糖分子量大，高浓度盐溶液沉淀得到的多糖分子量小。Li 等（2006）碱提白色麦麸中的 β-D-葡聚糖，通过不同浓度的 $(NH_4)_2SO_4$ 沉淀得到 6 个亚组分，分子量随 $(NH_4)_2SO_4$ 浓度增大而减小，多分散性在 1.03～1.26 之间。

1.4.2　柱层析法

离子交换柱层析可以有效分离多糖中的中性、酸性组分，主要分为阳离子交换层析及阴离子交换层析。在多糖的纯化中，最常用的是阴离子交换层析，填料主要有 DEAE-纤维素、DEAE Sepharose Fast Flow 及 DEAE Sephadex 等。一般层析过程中，多糖样品上样后，使用 pH 为中性的洗脱液以梯度的方式进行洗脱。洗脱液离子强度低的时候，酸性多糖吸附在填料上，中性糖先被洗脱出来；随着离子强度增大，酸性多糖被洗脱出来，以此实现纯化。但是离子交换柱层析主要将多糖按电荷进行分离，分离得到的组分可能是不同分子量的混合物。因此，需要进行凝胶柱层析，按分子形状及大小继续进行分离才能得到均匀的纯化组分。常用的凝胶柱层析填料有葡聚糖凝胶系列 Sephadex、琼脂糖凝胶系列 Sepharose、聚丙烯酰胺凝胶 Bio-gel 和丙烯葡聚糖凝胶系列 Sephacryl 等。Shi 等（2016）将中国圆田螺粗多糖先经 Q Sepharose Fast Flow 梯度洗脱，进一步经 Sephacryl-400 纯化得到均一的多糖组分 CCSPn。Wang 等（2013）从果梗中提取粗多糖，经 DEAE-52 纤维素及 Sephadex G-100 纯化得到 3 个组分，其中 0.3 mol/L NaCl 洗脱组分具有较高的半糖醛酸含量。Chen 等（2016）从橘子皮中提取多糖，粗多糖先经 DEAE Sepharose Fast Flow 线性洗脱得到 3 个组分，将其中的组分 TPPs-2 进一步经 Sephadex G-75 纯化得到 TPPs-2-1 及 TPPs-2-2。

1.5　多糖的结构测定

多糖的结构分为初级结构（一级结构）和高级结构（二级结构、三级结构和四级结构）。一级结构包括单糖组成、单糖残基构型、糖苷键类型、支链连接位点、支链长度、官能团等。现在的研究主要以多糖的一级结构为主，表征的方法很多，主要分为化学分析法、仪器分析法及生物学方法等。

1.5.1　化学分析法

单糖组成的测定主要包括气相色谱（GC）法和衍生物的高效液相色谱（HPLC）法。无论哪一种方法，都需要先将多糖进行水解断裂成相应的单糖混合物，一般通过硫酸、三氟乙酸等强酸在高温高压下进行多糖的水解。GC 法将水解得到的单糖混合物衍生为可挥发且热稳定的衍生物（如糖腈乙酸醋衍生物），然后进行 GC 分析（Ma et al., 2012）；HPLC 法将单糖混合物衍生为紫外可见的衍生物（如 1-苯基-3-甲基-5-吡唑啉酮（PMP）衍生物），然后进行 HPLC 分析（Dai et al., 2010）。

1.5.2　仪器分析法

1.5.2.1　HPLC

　　HPLC 在多糖的分析测定中主要用于纯度及分子量测定，检测单糖组成等。若多糖在 HPLC 图谱上表现为单一对称的峰，且峰形尖锐时，则认为得到的多糖为均一的纯多糖。通过高效凝胶渗透色谱（High-Performance Gel Permeation Chromatography，HPGPC）法，先进样已知分子量的标准多糖，根据分子量及保留时间绘制标准曲线，再将样品保留时间代入标准曲线可得到多糖样品分子量，这一方法广泛用于测定多糖样品分子量（Hu et al., 2011；Mao et al., 2014；Zhang et al., 2014）。Fu 等（1995）报道，单糖经 PMP 衍生后可以用 HPLC 进行检测，现在该法已用于各种多糖的单糖组成检测（Yuan et al., 2015；Yang et al., 2010）。

1.5.2.2　紫外-可见分光光度法

　　紫外-可见分光光度法在多糖各组成成分的测定及其他信息的获取中发挥重要作用，应用较为广泛，如苯酚-硫酸法（Dubois et al., 1956）或蒽酮-硫酸法（Nie et al., 2008）测定多糖含量时，将多糖溶液于近紫外光谱区域进行紫外扫描，通过观察多糖在 260 nm 或 280 nm 波长处有无紫外吸收，以此来判断多糖中是否含核酸或蛋白质。

1.5.2.3　红外光谱分析

　　红外光谱具有用量少、操作简单、灵敏度高等优点，可提供糖苷键类型、特征基团等信息，广泛用于多糖结构的初步表征。由于 3 400 cm^{-1} 左右的吸收峰是 O-H 的伸缩振动，2 900 cm^{-1} 左右是 C-H 的伸缩振动，因此根据这两个吸收峰可以判断多糖的存在；而 1 420 cm^{-1}、1 610 cm^{-1}、1 640 cm^{-1}、及 1 734 cm^{-1} 是酯羰基（C=O）及羧基（COO-）的伸缩振动（Zhao et al.,

2007；Li et al.，2013；Santhiya et al.，2002）；1 412 cm^{-1}及 1 430 cm^{-1}之间的吸收峰是果胶甲基酯基团（-OCH$_3$），表明多糖的糖醛酸羧基被酯化（Al-Sheraji et al.，2012）；894 cm^{-1}左右的特征吸收峰则表明多糖结构中存在 β-糖苷键（Yang et al.，2006）；870 cm^{-1}左右的吸收峰可表明多糖结构中存在 α-糖苷键（Cheng et al.，2013）。

研究者经常将多糖进行修饰，经过修饰的多糖其红外光谱会发生变化。通过观察红外光谱有无对应的新吸收峰生成或吸收峰的变化可判断修饰是否成功。如多糖经硫酸化修饰，如果修饰成功，样品在 1 240 ~ 1 260 cm^{-1}的吸收峰是 S = O 的伸缩振动（Pereira et al.，2009）；824 cm^{-1}左右的特征吸收峰为 C-O-S 的拉伸振动；782 ~ 786 cm^{-1}的吸收峰表明硫酸基的存在；3 400 cm^{-1}左右吸收峰的吸收减弱说明多糖的部分羟基已被硫酸酯化。

1.6   壳聚糖复合膜研究进展

1.6.1   壳聚糖复合膜发展历程

壳聚糖复合膜是在塑料包装膜、降解材料膜之后发展起来的食品包装膜。

1.6.1.1   塑料包装膜

传统塑料包装膜是用聚乙烯、聚氯乙烯等加工而成的包装材料，具有较好的抗拉和抗剪强度，广泛用于食品和其他物质包装上，为人们生活带来了方便。但是这些材料加热后会释放出有毒有害物质，影响人们身体健康，并且在使用之后不可降解，不但影响自然环境，也会破坏生态平衡。

1.6.1.2　降解材料膜

可持续发展理念的不断深入促进了天然、可降解材料膜的开发。降解材料膜主要有填充型淀粉塑料、全淀粉塑料和微生物合成的聚酯类材料等。全淀粉塑料具有良好的机械性能，但是降解时间不易控制，所以应用受到限制（Erlat et al.，2001）。常见的降解材料膜将淀粉作为填充物混入塑料中，但是其中的高聚物仍然不能被完全降解，所以应用也受到了限制。

1.6.1.3　壳聚糖复合膜

壳聚糖复合膜是以壳聚糖为原料，与不同分子发生交联作用形成的一种多孔网络结构薄膜。壳聚糖具有可生物降解性、可食用性、无毒害无污染等优点，已成为公认的安全包装材料（陈琼 等，2011）。多糖、蛋白质和纤维素及其衍生物与壳聚糖相互复合，可赋予包装膜更优的保鲜、抑菌等功能（安晓琼 等，2007）。因此，壳聚糖复合膜在食品包装领域受到了广泛关注。

1.6.2　壳聚糖/藻多糖复合膜简介

随着食品包装技术的发展，以天然生物材料制备食品包装膜已成为食品包装领域研究的热点。消费者的食品安全意识不断增强，因此更加倾向于选择无毒害、无污染和天然的绿色食品包装材料（吕飞 等，2012；钟宇 等，2012）。壳聚糖作为甲壳素脱乙酰化得到的一种天然碳水化合物共聚物（Khoshgozaran-Abras et al.，2012），具有良好的成膜性（Park et al.，2001）、生物可降解性（Zhang et al.，2002）、生物相容性（Vandevord et al.，2002；Senkou et al.，2001）等优点。尽管如此，单一的壳聚糖膜还是存在抗氧化性不强、耐水性较弱等缺点。相比而言，藻多糖具有抗氧化等生物活性功能，可作为天然抗氧化剂。为提高壳聚糖复合膜的性能，将藻多糖与壳聚糖膜相结合制成壳聚糖/藻多糖复合膜，将其用于瓜果蔬菜和肉制品的保鲜中，将赋予复合膜更优的保鲜效果。

1.6.3 壳聚糖/藻多糖复合膜的优势

（1）壳聚糖/藻多糖复合膜制备原料来源于天然高分子物质，具有安全可食性，制备复合膜时不添加增塑剂等有害物质。

（2）壳聚糖/藻多糖复合膜的原材料本身具有特殊营养价值，对人体有保健作用，而且藻多糖具有抗氧化性，可赋予复合膜更优的保鲜效果。

（3）壳聚糖/藻多糖复合膜可以作为食品添加剂的载体。

（4）壳聚糖/藻多糖复合膜使用后可生物降解，不会污染环境。

（5）壳聚糖/藻多糖复合膜制备原料绿球藻可以实现人工大量培养，易于取得，生产工艺不复杂。

（6）壳聚糖/藻多糖复合膜制备原料成本低，使用后可自行降解，降低回收成本。

1.7　本书的研究目的、意义及主要研究内容

1.7.1　研究目的和意义

随着食品包装行业的飞速发展，生物活性复合包装膜越来越符合人们的消费需求，以多糖为基料的复合包装膜将是食品包装业未来发展的趋势。因此，研制生物降解包装材料替代传统塑料膜是社会发展的需要，寻找合适的天然抗氧化和抗菌的包装材料，将为新型食品包装技术的进一步发展打下基础。

与其他生物活性材料相比，植物具有绿色、安全、高效的特点。其中，小型球状绿藻生长速度快、适应性强、在人工培养下能够大量繁殖，且占地面积小、生产成本低，因此是一类极具开发潜能的材料。我国绿藻资源

丰富，在众多小型球状绿藻中，绿球藻因其具有丰富的营养而被广泛应用。本研究选取绿球藻作为原材料，并从中提取出绿球藻多糖，探索使其成为优良天然抗氧化和抗菌材料的方法，并将其与壳聚糖相互复合，进而希望制备出成本低、绿色环保、安全无毒、可生物降解，抗氧化和抗菌的食品包装膜。将绿球藻多糖混入壳聚糖可以提高复合膜的保鲜效果，延长食品货架期，有效提高食品安全和质量。因此，本研究为开发壳聚糖/藻多糖复合膜提供了科学依据，同时也为绿球藻多糖作为天然食品抗氧化剂、抑菌剂的开发研究奠定了理论基础，为绿球藻的开发开辟了新的路径。

1.7.2　主要研究内容

本书围绕绿球藻多糖在食品保鲜技术中的应用开发这条主线，从最初的多糖提取到最终的复合保鲜膜的制作和性能探索，共展开了 5 个方面的研究。首先针对绿球藻，探索了其粗多糖的最优提取方案；然后详细记录了绿球藻多糖的纯化方法，并对纯化后的绿球藻多糖进行了纯度和结构信息的分析；进一步针对活性复合保鲜膜所要求的抗氧化特性及抑菌活性，分两个章节进行了分析，确定了其具有作为复合膜的优良特性；最终将提取得到的绿球藻多糖与壳聚糖相互复合，并对制成的活性复合保鲜膜的性能进行了多方面的分析，为壳聚糖/绿球藻多糖复合膜的实际应用打下了理论基础。

1.7.2.1　绿球藻粗多糖的提取优化

本部分为提高绿球藻多糖的提取率，通过设计单因素实验和响应面优化分析实验，对影响绿球藻多糖提取率的主要因素，如提取时间、料液比和提取温度进行分析，从而得到最佳提取条件。

1.7.2.2　绿球藻多糖的分离和纯化

本部分采用热水浸提法提取绿球藻多糖，经除蛋白、4℃醇沉过夜，获得绿球藻粗多糖（CCP），以苯酚-硫酸法测定多糖含量。首先将粗多糖通过 DEAE-52 纤维素层析柱进行初步的分离，将获得的组成过 Sephadex G-150柱层析进一步纯化获得多糖的组分，同时测定绿球藻粗多糖的提取率，然后对获得的纯化多糖进行紫外光谱分析和红外光谱结构分析，同时将纯化多糖组分进行 HPLC 分析以检测其纯度以及分子量。

1.7.2.3 绿球藻多糖的抗氧化活性研究

本部分采用化学法测定了绿球藻粗多糖及其纯化多糖的体外清除 DPPH 自由基、羟基自由基、超氧阴离子自由基、ABTS 自由基及金属离子螯合力、还原力的氧化活性。

1.7.2.4 绿球藻多糖的抑菌活性研究

本部分采用琼脂孔注入法测定绿球藻多糖对细菌的抑菌效果，并采用十字交叉法测定抑菌圈直径，真菌抑菌活性测定采用生长速率法。同时研究绿球藻多糖对常见致病菌的抑菌圈直径及最小抑菌浓度（MIC），测定了绿球藻多糖对金黄色葡萄球菌和黄曲霉生长的影响。本部分进一步考察了绿球藻纯多糖对金黄色葡萄球菌细胞膜通透性和溶氧性的影响，以期为天然食品抑菌剂的开发提供参考，也为淡水绿藻资源的开发利用提供基础资料。

1.7.2.5 壳聚糖/绿球藻多糖复合膜的制备及性能研究

本部分将绿球藻多糖与壳聚糖相互复合，制备了壳聚糖/藻多糖复合膜。本研究进一步对复合膜物理性能（厚度、密度、溶解度、溶胀度、透明度、水蒸气透过率）和机械性能（抗拉强度、断裂伸长率）进行测定，并对其结构进行表征（电子显微镜、红外光谱分析、X 射线衍射分析和原子力显微镜扫描），同时也考察了壳聚糖/藻多糖复合膜对 DPPH 自由基的清除效果，以期开发抗氧化活性与机械性能较强的复合活性包装膜，为食品包装保鲜提供新型包装材料。

参考文献

阿尔贝·萨松, 1991. 生物技术与发展 [M]. 北京: 科学技术文献出版社.

安晓琼, 李梦琴, 张剑, 等, 2007. 可食性膜改性研究进展 [J]. 安徽农业科学, 35 (21): 6583-6584.

毕列爵, 胡征宇, 2004. 中国淡水藻志 第八卷 绿藻门 绿球藻目 (上) [M]. 北京: 科学出版社.

曹健, 漆开华, 高孔荣, 1996. 微藻的研究进展 [J]. 广州食品工业科技, 12 (4): 5-9.

陈宏硕, 李晓颖, 冯鹏棉, 等, 2014. 螺旋藻多糖抗 H22 肿瘤作用研究 [J]. 食品研究与开发, 35 (5): 120-123.

陈雷, 郝言芝, 王慧, 等, 2011. 低剂量复合螺旋藻多糖降血糖作用研究 [J]. 青岛农业大学学报 (自然科学版), 28 (2): 142-145.

陈琼, 邱礼平, 马细兰, 2011. 高直链玉米淀粉-壳聚糖复合膜透气透水性能研究 [J]. 现代食品科技, 27 (8): 891-895.

陈群, 刘家昌, 2001. 人参多糖、黄芪多糖、枸杞多糖的研究进展 [J]. 淮南师范学院学报, 3 (2): 39-41.

丁晓君, 纪淑娟, 2009. 涂膜处理对货架期间草莓果实品质的影响 [J]. 现代农业科学, 16 (6): 23-24.

高玲, 2011. 高剂量复合螺旋藻多糖抗衰老作用研究 [J]. 安徽农业科学, 39 (14): 8324-8325.

胡映霞, 胡云峰, 欧燕, 2005. 保鲜剂与保鲜膜在芒果贮藏保鲜中的应用试验 [J]. 中国农学通报, 21 (10): 93-95.

贾慧敏, 韩涛, 李丽萍, 等, 2009. 可食性涂膜对鲜切桃褐变的影响 [J]. 农业工程学报, 25 (3): 282-286.

金路, 严鹏, 李红玉, 2015. 栉孔扇贝多糖的提取及脱色 [J]. 食品与发酵工业,

41（2）：233-236.

黎庆涛，潘路路，黄康宁，等，2011. 微波法提取鼠尾藻多糖的工艺研究 [J]. 天然产物研究与开发，23（6）：1160-1162.

李桂峰，2005. 可食性膜对鲜切葡萄生理生化及保鲜效果影响的研究 [D]. 西安：西北农林科技大学.

李建涛，张倩，张建民，2013. 螺旋藻多糖功能及应用的研究进展 [J]. 黑龙江农业科学，（11）：144-146.

刘秋英，孟庆勇，刘志辉，2003. 海藻多糖抗肿瘤作用的研究进展 [J]. 中国海洋药物，22（4）：45-48.

刘四光，李文权，邓永智，2007. 海洋微藻多糖微波提取法研究 [J]. 海洋通报，26（4）：105-110.

刘永举，唐超，葛蔚，等，2014. 复合螺旋藻多糖对小鼠抗辐射损伤的作用机制研究 [J]. 安徽农业科学，42（22）：7305-7306，7317.

卢亿，林红华，柯群，2011. 微藻的生物活性物质及其功能 [J]. 食品工业科技，32（7）：470-473.

卢立新，2005. 果蔬气调包装理论研究进展 [J]. 农业工程学报，21（7）：175-180.

吕飞，丁祎程，叶兴乾，2012. 肉桂油/海藻酸钠薄膜物理特性和抗菌性能分析 [J]. 农业工程学报，28（2）：268-272.

吕小华，陈科，陈文青，等，2014. 螺旋藻多糖对免疫低下小鼠的免疫调节作用 [J]. 中国医院药学杂志，34（19）：1617-1621.

马宇翔，李建宏，浩云涛，2002. 自养与异养条件下小球藻对氮、磷的利用 [J]. 南京师大学报（自然科学版），25（2）：37-41.

尚俊英，谢裕安，杨帆，等，2007. 螺旋藻多糖超声波提取方案的优化 [J]. 湖南师范大学学报（医学版），4（3）：23-26.

申开泽，张瑶，余绍蕾，等，2013. 螺旋藻在儿童临床应用中的研究现状 [J]. 现代食品科技，29（3）：683-686.

谭周进，谢达平，2002. 多糖的研究进展 [J]. 食品科技，32（3）：179-184.

汪志平，钱凯先，2000. 螺旋藻遗传育种研究进展 [J]. 微生物学通报，27（4）：288-291.

王德培，1997. 螺旋藻多糖的研究［D］. 广州：华南理工大学.

伍善广，赖泰君，孙建华，等，2011. 蚕蛹多糖脱蛋白方法研究［J］. 食品科学，32（14）：21-24.

谢国芳，谭书明，王贝贝，等，2012. 果蔬采后处理和天然保鲜技术的研究进展［J］. 食品工业科技，33（14）：421-426.

徐小娟，张勇，唐超，等，2012. 复合螺旋藻多糖对人结肠癌 HT-29 细胞株体外抗肿瘤作用的研究［J］. 时珍国医国药，23（9）：2164-2166.

于红，张学成，2002. 螺旋藻多糖抗 HSV-1 作用的体外实验研究［J］. 高技术通讯，12（9）：65-69.

张萍，梁新丽，廖正根，等，2009. 正交设计优选黄芪多糖的微波辅助与传统提取工艺研究［J］. 江西中医学院学报，21（1）：33-35.

张惟杰，1999. 糖复合物生化研究技术［M］. 杭州：浙江大学出版社.

赵海田，王静，姚磊，2004. 螺旋藻多糖生物活性及应用研究［J］. 粮食与油脂（7）：47-49.

赵纪峰，王海军，苏晶，等，2007. 中药多糖的提取分离工艺研究［J］. 重庆中草药研究（1）：29-32.

钟宇，李云飞，2012. 酸溶剂对葛根淀粉/壳聚糖复合可食膜性能的影响［J］. 农业工程学报，28（13）：263-268.

周鸿立，杨晓虹，2011. 玉米须多糖中蛋白质脱除的 Sevag 与酶法联用工艺优化［J］. 食品科学，32（8）：129-132.

左绍远，钱金枞，万顺康，等，2000. 钝顶螺旋藻多糖降血糖调血脂实验研究［J］. 中国生化药物杂志，21（6）：289-291.

ACOSTA M P, VALDMAN E, LEITE S G F, et al., 2005. Biosorption of copper by *Paenibacillus polymyxa* cells and their exopolysaccharide［J］. World Journal of Microbiology & Biotechnology, 21（6-7）：1157-1163.

AL-SHERAJI S H, ISMAIL A, MANAP M Y, et al., 2012. Purification, characterization and antioxidant activity of polysaccharides extracted from the fibrous pulp of *Mangifera pajang* fruits［J］. LWT-Food Science and Technology, 48（2）：291-296.

BIAN J, PENG F, PENG P, et al., 2010. Isolation and fractionation of hemicelluloses by graded ethanol precipitation from *Caragana korshinskii* [J]. Carbohydr Res, 345 (6): 802-809.

CHEN R Z, JIN C G, TONG Z G, et al., 2016. Optimization extraction, characterization and antioxidant activities of pectic polysaccharide from tangerine peels [J]. Carbohydrate polymers, 136: 187-197.

CHENG H, FENG S, JIA X, et al., 2013. Structural characterization and antioxidant activities of polysaccharides extracted from *Epimedium acuminatum* [J]. Carbohydrate Polymers, 92 (1): 63-68.

DAI J, WU Y, CHEN S W, et al., 2010. Sugar compositional determination of polysaccharides from *Dunaliella salina* by modified RP-HPLC method of precolumn derivatization with 1 – phenyl – 3 – methyl – 5 – pyrazolone [J]. Carbohydrate Polymers, 82 (3): 629-635.

DUBOIS M, GILLES K A, HAMILTON J K, et al., 1956. Colorimetric method for determination of sugars and related substances [J]. Analytical Chemistry, 28 (3): 350-356.

ERLAT A G, HENRY B M, INGRAM J J, et al., 2001. Characterisation of aluminium oxynitride gas barrier films [J]. Thin Solid Films, 388 (1-2): 78-86.

FENG J, GUO Y, ZHANG X, et al., 2016. Identification and characterization of a symbiotic alga from soil bryophyte for lipid profiles [J]. Biology open, 5 (9): 1317-1323.

FENG K, CHEN W, SUN L W, et al., 2015. Optimization extraction, preliminary characterization and antioxidant activity in vitro of polysaccharides from *Stachys sieboldii* Miq. tubers [J]. Carbohydrate Polymers, 125: 45-52.

FU D T, ONEILL R A, 1995. Monosaccharide composition analysis of oligosaccharides and glycoproteins by High-Performance liquid chromatography [J]. Analytical Biochemistry, 227 (2): 377-384.

GONG L, ZHANG H, NIU Y G, et al., 2015. A Novel Alkali Extractable Polysaccharide from *Plantago asiatic* L. Seeds and Its Radical-Scavenging and Bile Acid-Binding Activities [J]. Journal of Agricultural and Food Chemistry, 63 (2): 569-577.

GUIRY M D, GUIRY G M, 2022. AlgaeBase. World-wide electronic publication, National University of Ireland, Galway [J/OL] [2022 01-13]. http://www.algaebase.org.

HALLIWELL B, 1992. Reactive oxygen species and the central nervous system [J]. Journal of Neurochemistry, 59 (5): 1609-1623.

HU X Q, HUANG Y Y, DONG Q F, et al., 2011. Structure characterization and antioxidant activity of a novel polysaccharide isolated from pulp tissues of *Litchi chinensis* [J]. Journal of Agricultural and Food Chemistry, 59 (21): 11548-11552.

KHOR E, LIM L Y, 2003. Implantable applications of chitin and chitosan [J]. Biomaterials, 24 (13): 2339-2349.

KHOSHGOZARAN-ABRAS S, AZIZI M H, HAMIDY Z, et al., 2012. Mechanical, physicochemical and color properties of chitosan based-films as a function of *Aloe vera* gel incorporation [J]. Carbohydrate Polymers, 87 (3): 2058-2062.

KURD F, SAMAVATI V, 2015. Water soluble polysaccharides from *Spirulina platensis*: extraction and in vitro anti-cancer activity [J]. International Journal of Biological Macromolecules, 74: 498-506.

LI H L, DAI Q Q, REN J L, et al., 2016. Effect of structural characteristics of corncob hemicelluloses fractionated by graded ethanol precipitation on furfural production [J]. Carbohydrate Polymers, 136 (1): 203-209.

LI Q, YU N W, WANG Y P, et al., 2013. Extraction optimization of *Bruguiera gymnorrhiza* polysaccharides with radical scavenging activities [J]. Carbohydrate Polymers, 96 (1): 148-155.

LI W, CUI S W, KAKUDA Y, 2006. Extraction, fractionation, structural and physical characterization of wheat β-D-glucans [J]. Carbohydrate Polymers, 63 (3): 408-416.

LIU J L, ZHENG S L, FAN Q J, et al., 2015. Optimisation of high-pressure ultrasonic-assisted extraction and antioxidant capacity of polysaccharides from the rhizome of *Ligusticum chuanxiong* [J]. International Journal of Biological Macromolecules, 76: 80-85.

LIU J, LUO J, SUN Y, et al., 2010. A simple method for the simultaneous decoloration and deproteinization of crude levan extract from *Paenibacillus polymyxa* EJS-3 by macroporous resin [J]. Bioresource Technology, 101 (15): 6077-6083.

MA L P, GAN D, WANG M C, et al., 2012. Optimization of extraction, preliminary characterization and hepatoprotective effects of polysaccharides from *Stachys floridana* Schuttl. ex Benth [J]. Carbohydrate Polymers, 87 (2): 1390-1398.

MALLIKARJUN GOUDA K G M, KAVITHA M D, et al., 2015. Antihyperglycemic, antioxidant and antimicrobial activities of the butanol extract from *Spirulina platensis* [J]. Journal of Food Biochemistry, 39 (5): 9.

MAO G H, ZOU Y, FENG W W, et al., 2014. Extraction, preliminary characterization and antioxidant activity of Se-enriched Maitake polysaccharide [J]. Carbohydrate Polymers, 101: 213-219.

NIE S P, XIE M Y, FU Z H, et al., 2008. Study on the purification and chemical compositions of tea glycoprotein [J]. Carbohydrate Polymers, 71 (4): 626-633.

PAN K, JIANG Q G, LIU G Q, et al., 2013. Optimization extraction of *Ganoderma lucidum* polysaccharides and its immunity and antioxidant activities [J]. International Journal of Biological Macromolecules, 55 (2): 301-306.

PARK S Y, JUN S T, MARSH K S, 2001. Physical properties of PVOH/chitosan-blended films cast from different solvents [J]. Food Hydrocolloids, 15 (4-6): 499-502.

PEREIRA L, AMADO A M, CRITCHLEY A T, et al., 2009. Identification of selected seaweed polysaccharides (phycocolloids) by vibrational spectroscopy (FTIR-ATR and FT-Raman) [J]. Food Hydrocolloids, 23 (7): 1903-1909.

PHILIPS S, LAANBROEK H J, VERSTRAETE L W, 2002. Origin causes and effects of increased nitrite concentrations in aquatic environments [J]. Reviews in Environmental Science and Bio/Technology, 1 (2): 115-141.

REDGWELL R J, CURTI D, WANG J K, et al., 2011. Cell wall polysaccharides of Chinese Wolfberry (*Lycium barbarum*): Part 1. Characterisation of soluble and insoluble polymer fractions [J]. Carbohydrate Polymers, 84 (4): 1344-1349.

SANTHIYA D, SUBRAMANIAN S, NATARAJAN K A, 2002. Surface chemical studies on sphalerite and galena using extracellular polysaccharides isolated from *Bacillus polymyxa* [J]. Journal of Colloid & Interface Science, 256 (2): 237-248.

SARADA D V L, KUMAR C S, RENGASAMY R, 2011. Purified C-phycocyanin from

Spirulina platensis (Nordstedt) Geitler: a novel and potent agent against drug resistant bacteria [J]. World Journal of Microbiology & Biotechnology, 27 (4): 779-783.

SEBTI I, COMA V, 2002. Active edible polysaccharide coating and interactions between solution coating compounds [J]. Carbohydrate Polymers, 49 (2): 139-144.

SENKOU A, SIMSEK A, SAHIN F I, et al., 2001. Interaction of cultured chondrocytes with chitosan scaffold [J]. Journal of Bioactive and Compatible Polymers, 16 (2): 136-144.

SHEN S, CHEN D, LI X, et al., 2014. Optimization of extraction process and antioxidant activity of polysaccharides from leaves of *Paris polyphylla* [J]. Carbohydrate Polymers, 104: 80-86.

SHI Y Y, XIONG Q P, WANG X L, et al., 2016. Characterization of a novel purified polysaccharide from the flesh of *Cipangopaludina chinensis* [J]. Carbohydrate Polymers, 136: 875-883.

SINGH S, KATE B N, BANERJEE U C, 2005. Bioactive compounds from cyanobacteria and microalgae: An Overview [J]. Critical Reviews in Biotechnology, 25 (3): 73-95.

SUN Y, LI T, YAN J, et al., 2010. Technology optimization for polysaccharides (POP) extraction from the fruiting bodies of *Pleurotus ostreatus* by Box-Behnken statistical design [J]. Carbohydrate Polymers, 80 (1): 242-247.

VANDEVORD P J, MATTHEW H W T, DESILVA S P, et al., 2002. Evaluation of the biocompatibility of a chitosan scaffold in mice [J]. Journal of Biomedical Materials Research, 59 (3): 585-590.

WANG C C, CHANG S C, CHEN B H, 2009. Chromatographic determination of polysaccharides in *Lycium barbarum* Linnaeus [J]. Food Chemistry, 116 (2): 595-603.

WANG M, JIANG C, MA L, et al., 2013. Preparation, preliminary characterization and immunostimulatory activity of polysaccharide fractions from the peduncles of *Hovenia dulcis* [J]. Food Chemistry, 138 (1): 41-47.

WANG M C, ZHU P L, JIANG C X, et al., 2012. Preliminary characterization, antioxidant activity in vitro and hepatoprotective effect on acute alcohol-induced liver injury in mice of polysaccharides from the peduncles of *Hovenia dulcis* ［J］. Food & Chemical Toxicology An International Journal Published for the British Industrial Biological Research Association, 50 (9): 2964-2970.

WU X Y, ZHAO Y J, LI R C, et al., 2017. Separation of polysaccharides from *Spirulina platensis* by HSCCC with ethanol-ammonium sulfate ATPS and their antioxidant activities ［J］. Carbohydrate Polymers, 173: 465-472.

XIE J H, SHEN M Y, NIE S P, et al., 2011. Decolorization of polysaccharides solution from *Cyclocarya paliurus* (Batal.) Iljinskaja using ultrasound/H_2O_2 process ［J］. Carbohydrate Polymers, 84 (1): 255-261.

YANG B, WANG J S, ZHAO M M, et al., 2006. Identification of polysaccharides from pericarp tissues of litchi (*Litchi chinensis* Sonn.) fruit in relation to their antioxidant activities ［J］. Carbohydrate Research, 341 (5): 634-638.

YANG R, MENG D, SONG Y, et al., 2012. Simultaneous Decoloration and Deproteinization of Crude Polysaccharide from Pumpkin Residues by Cross-Linked Polystyrene Macroporous Resin ［J］. Journal of Agricultural and Food Chemistry, 60 (34): 8450-8456.

YANG X, LV Y, TIAN L, et al., 2010. Composition and systemic immune activity of the polysaccharides from an herbal tea (*Lycopus lucidus*Turcz) ［J］. Journal Agricultural Food Chemistry, 58 (10): 6075-6080.

YIM J H, KIM S J, AHN S H, et al., 2004. Antiviral effects of sulfated exopolysaccharide from the marine microalga *Gyrodinium impudicum* strain KG03 ［J］. Marine Biotechnology (New York), 6 (1): 17-25.

YUAN Y, MACQUARRIE D, 2015. Microwave assisted extraction of sulfated polysaccharides (fucoidan) from *Ascophyllum nodosum* and its antioxidant activity ［J］. Carbohydrate Polymers, 129: 101-107.

ZHANG H, NEAU S H, 2002. In vitro degradation of chitosan by bacterial enzymes from rat cecal and colonic contents ［J］. Biomaterials, 23 (13): 2761-2766.

ZHANG T, TIAN Y, JIANG B, et al., 2014. Purification, preliminary structural characterization and in vitro antioxidant activity of polysaccharides from *Acanthus ilicifolius* ［J］.

LWT – Food Science and Technology, 56（1）: 9–14.

ZHAO M M, YANG N, YANG B, et al., 2007. Structural characterization of water-soluble polysaccharides from *Opuntia monacantha* cladodes in relation to their anti – glycated activities［J］. Food Chemistry, 105（4）: 1480–1486.

ZOU P, YANG X, HUANG W W, et al., 2013. Characterization and bioactivity of polysaccharides obtained from pine cones of *Pinus koraiensis* by graded ethanol precipitation ［J］. Molecules, 18（8）: 9933–9948.

第 2 章　绿球藻粗多糖的提取优化

　　糖类化合物作为一类生物大分子，在微藻中含量丰富。绿球藻粗多糖是从绿球藻（*Chlorococcum*）中提取出来的一种水溶性的多糖，具有促进细胞生长、提高机体免疫力、抗肿瘤、抗辐射、延缓衰老等功能，在药物研究领域也越来越受到重视，具有广阔的开发应用前景（Yim et al., 2004；彭照文，2002；孙建光 等，1998）。目前，对于微藻多糖的研究主要集中在螺旋藻、小球藻及杜氏藻等（李亚清，2004），对于绿球藻多糖的研究较少，因此值得进一步的开发。此外，对于多糖提取方法研究较多，但对于绿球藻多糖的提取率却较低，急需进一步的改进与完善。在多糖提取方法中，提取率相对较高的是传统热水浸提法。该法简单易行，不需要特殊的仪器设备（Chen et al., 2012）。研究表明，热水浸提工艺被广泛用于多糖的提取（熊皓平 等，2011；张秀红 等，2010；钱森和 等，2012；Ye et al., 2011a；Ye et al., 2011b；Sun et al., 2010）。多糖提取工艺条件优化多为单因素实验和正交设计相结合（任守利，2010；郭守军 等，2010；Tian et al., 2011；Jiang et al., 2010），但它不能考察各因素之间的相互作用对提取率的影响。所以，为了提高多糖的提取效率，本实验在单因素实验基础上结合响应曲面分析实验，采用模型拟合过程，更系统地优化了提取工艺。同时，响应曲面实验被广泛应用于条件优化研究，具有节省人力、能反映各因素交互作用等优点（Liu et al., 2013；Maran et al., 2013；王允祥 等，2004；陈莉 等，2006；唐道邦 等，2010）。

　　本研究选用绿球藻的干藻粉为原料，使用热水浸提法提取绿球藻粗多糖，利用单因素实验考察料液比（干藻粉质量/水的体积）、提取温度和提取时间对多糖提取率的影响。在此基础上，采用响应曲面实验优化实验参数，最终得到热水浸提法提取绿球藻多糖的最优提取工艺条件，为绿球藻多糖的进一步开发利用奠定基础。

2.1　实验材料和设备

2.1.1　实验材料

一株绿球藻（*Chlorococcum sp. GD*），采自山西省关帝山，藻种由山西大学生命科学学院藻类资源利用实验室分离、保存并培养。无水乙醇、苯酚、浓硫酸、葡萄糖等试剂均为分析纯。所用水为超纯水。

2.1.2　主要实验设备

TU-1810 DAPC 紫外可见分光光度计（北京普析通用仪器有限公司）；ME204/02 电子天平［梅特勒-托利多仪器（上海）有限公司］；HC-3018 高速离心机（安徽中科中佳科学仪器有限公司）；CR22N 低温大容量离心机［天美（中国）科学仪器有限公司］；18ND 真空冷冻干燥机（宁波生物科技股份有限公司）；GZX-9070MBE 电热鼓风干燥箱（上海博迅实业有限公司医疗设备厂）；HHS-21-4 电热恒温水浴锅（上海博迅实业有限公司医疗设备厂）。

2.2　实验方法

2.2.1　标准曲线绘制

总糖含量的测定采用苯酚-硫酸法（Dubois et al.，1956）。以葡萄糖为标准品制作标准曲线，准确称取 20 mg 标准葡萄糖置于容量瓶中，加超纯水至 500 mL 刻度线，均匀溶解后，分别吸取 0.4 mL、0.6 mL、0.8 mL、1.0 mL、1.2 mL、1.4 mL、1.6 mL 及 1.8 mL 配置好的葡糖糖溶液于试管中，并各以蒸馏水补至 2.0 mL，然后加入 1.0 mL 浓度为 6% 的苯酚和 5.0 mL 浓硫酸，摇匀冷却至室温，将试管同时浸入 100℃ 恒温水浴锅中显色 15 min。静置至室温后，在 490 nm 波长处测定吸光值，以 2.0 mL 超纯水按同样显色操作为空白。并以横坐标为多糖含量，纵坐标为吸光值，绘制标准曲线，得到标准曲线方程：$A = 0.005\,36C - 0.001\,85$，相关系数为 $R^2 = 0.996\,4$。

2.2.2　多糖提取工艺及提取率计算

取实验室培养的绿球藻液，置于低温大容量离心机离心 5 min（4 000 g），去其上清液，后将沉淀用超纯水洗 3 次，以清洗绿球藻，充分去除培养基。收集清洗后的绿球藻液，静置过夜后，取下层藻液沉淀置于低温大容量离心机离心 5 min（4 000 g），再次去其上清液，收集下层沉淀，将沉淀用真空冷冻后得到绿球藻干粉。

准确称取绿球藻干粉 2 g，置于 100 mL 圆底烧瓶中，加入 40 mL 超纯水充分搅拌后置于 80℃ 恒温水浴锅中回流提取 2 h，高速离心机离心 3 min（3 500 g），取上清液，向上清液中加入 3 倍体积含醇量 80% 的乙醇溶液，置于 4℃ 冰箱中沉淀过夜，高速离心机离心 3 min（5 000 g），得到藻多糖沉淀。将沉淀复溶于超纯水中，定容至 100 mL，取 2 mL，利用苯酚–硫酸法测定其多糖含量，并以公式（2.1）计算多糖提取率：

$$多糖提取率(\%) = \frac{C \times V}{W} \times 100, \tag{2.1}$$

式中，C——由标准曲线计算得出的多糖浓度（μg/mL）；

　　　V——多糖提取液定容后的总体积（mL）；

　　　W——实验样品的重量（mg）。

2.2.3　单因素实验设计

选择料液比、提取温度和提取时间 3 个因素作为影响绿球藻多糖提取率的影响因子，以绿球藻粗多糖提取率为响应指标进行单因素实验，平行测定 3 次。

（1）选取不同料液比（1∶10 g/mL、1∶15 g/mL、1∶20 g/mL、1∶25 g/mL、1∶30 g/mL、1∶35 g/mL），其他条件固定为：提取温度 80℃，提取时间 2 h，进行提取。

（2）选取不同提取温度（50℃、60℃、70℃、80℃、90℃、100℃），其他条件固定为：料液比 1∶20 g/mL，提取时间 2 h，进行提取。

（3）选取不同提取时间（1 h、2 h、3 h、4 h、5 h、6 h），其他条件固定为：料液比 1∶20 g/mL，提取温度 80℃，进行提取。

2.2.4　响应曲面法实验设计

根据单因素的实验结果设计三因素三水平的响应曲面实验，每个实验值均为 3 次实验的平均值，响应值为绿球藻粗多糖的提取率，确定多糖提取率最优提取条件参数。

2.3　结果与分析

2.3.1　单因素实验

热水浸提法提取绿球藻粗多糖的过程中，影响绿球藻粗多糖提取率的因素较多，其中料液比、提取温度、提取时间 3 个因素影响较为显著。本研究首先通过单因素实验确定实验因素与水平。

2.3.1.1　料液比对绿球藻多糖提取率的影响

料液比是热水浸提多糖中影响提取率的重要因素（Yang et al.，2011）。由图 2.1 可知，当料液比为 1∶10 g/mL 时，多糖提取率为 3.53%；当料液比为 1∶25 时，多糖提取率达到 4.05%；随着料液比的增加，绿球藻多糖提取率明显提高。当料液比超过 1∶25 g/mL 后，多糖提取率趋于平缓，并且料液比过高，多糖因降解而使提取率略有下降。由于加入溶剂量较少时，绿球藻干粉不能够充分吸水溶解，并且在热水浸提过程中会有些许水分蒸发，绿球藻粉溶液成糊状，溶液不易收集，影响绿球藻多糖的提取；绿球藻多糖为水溶性多糖，随着溶剂量的增大，能够充分溶于水中，细胞内物质溶出，多糖提取率随之增大，但当料液比达到一定值时，由于大部分多糖析出，再增加提取液，已经没有更多的多糖溶解，因此，多糖提取率变化不大（李国莹 等，2014）。同时，较高的料液比会增加工作量及成本，降低工作效率，综上所述，选择 1∶25 为自变量料液比的 0 水平。

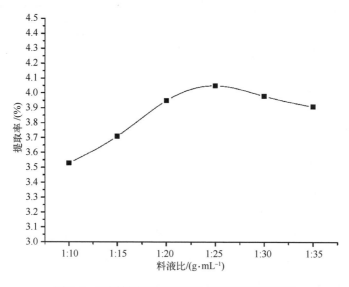

图 2.1　不同料液比对绿球藻多糖提取率的影响

2.3.1.2 提取温度对绿球藻多糖提取率的影响

根据文献研究，提取温度对微藻多糖提取率的影响较大（陈锦鹏 等，2009）。由图2.2可知，不同提取温度对绿球藻多糖提取率的影响不同。在50~80℃范围内，绿球藻多糖提取率随着温度的升高逐渐增加，在60℃时，多糖提取率为3.67%；在80℃时提取率达到4.07%，为最高值；但在80℃之后，多糖提取率呈逐渐下降趋势。结果表明，提高提取温度可以增大多糖提取率，但是，过高的温度会使得多糖的糖苷键断裂（戴军 等，2007），多糖分解，导致多糖结构发生改变，从而使多糖生物活性降低甚至失活，进而使多糖提取率下降。因此选择80℃为自变量提取温度的0水平。

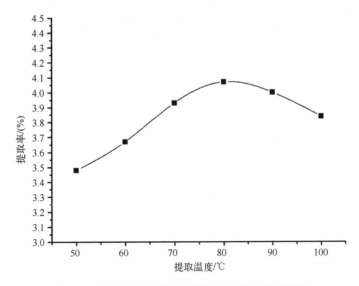

图2.2 不同提取温度对绿球藻多糖提取率的影响

2.3.1.3 提取时间对绿球藻多糖提取率的影响

提取时间是影响多糖提取的主要因素之一。由图2.3可知，在1~3 h范围内，当提取时间为1 h时，多糖提取率为3.32%；当提取时间为3 h时，多糖提取率达到3.79%，比提取时间为1 h的多糖提取率提高了14.2%。在

1~3 h 范围内，随着提取时间的增加，反应进行的越来越充分，绿球藻多糖的提取率不断提高。但在 3~6 h 范围内，当提取时间为 6 h 时，多糖提取率为 3.43%，随着提取时间的持续延长，多糖的提取率趋于稳定。这是由于在提取的初始阶段，多糖在提取液中含量低，而在藻粉样品中的含量较高，在两相中形成了较大的含量差，渗透压增大，所以随着提取时间的增加多糖提取率升高（刘妍，2015）。在提取后期，持续的加热可能使多糖部分降解，从而提取率呈现降低趋势，并且两相渗透压减小，多糖浸出速率几乎稳定。因此选择 3 h 为自变量提取时间的 0 水平。

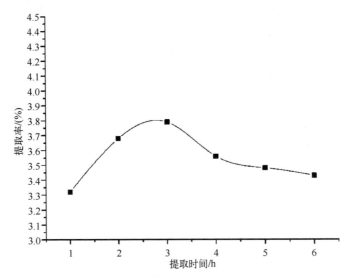

图 2.3　不同提取时间对绿球藻多糖提取率的影响

2.3.2　响应曲面优化分析实验

2.3.2.1　响应曲面优化实验方案及结果分析

影响微藻多糖提取率的各因素之间的相互作用是影响微藻多糖提取率的重要因素。根据响应曲面分析实验原理（费荣昌，2001），结合单因素实验结果，选取提取时间、提取温度、料液比为自变量，分别用 A、B、C 表示，以绿球藻多糖提取率为响应值，设计三因素三水平响应曲面优化实验，分别以 -1、0、1 表示低、中、高水平。响应曲面分析实验因素水平编码见表 2.1，响应曲面实验设计及实验结果如表 2.2 所示。

表 2.1　响应曲面分析实验因素水平

编码水平	因素		
	A 提取时间/h	B 提取温度/℃	C 料液比/（g·mL⁻¹）
-1	2	70	1∶20
0	3	80	1∶25
1	4	90	1∶30

表 2.2　响应曲面实验设计及实验结果

试验号	A	B	C	提取率/（%）
1	1	0	-1	3.56
2	0	1	-1	3.60
3	0	0	0	4.32
4	1	-1	0	3.36
5	0	0	0	4.23
6	0	0	0	4.28
7	0	-1	1	3.54
8	0	0	0	4.20
9	0	0	0	4.17
10	-1	0	1	3.98
11	-1	-1	0	3.61
12	1	1	0	3.65
13	0	1	1	3.61
14	-1	1	0	3.55
15	-1	0	-1	3.95
16	0	-1	-1	3.29
17	1	0	1	3.65

根据实验结果，通过 Design Expert 8.0 软件对实验数据进行二次回归分析，得到绿球藻多糖提取率（Y）的二阶模型，方程如下：

$$Y = 4.24 - 0.11A + 0.076B + 0.047C + 0.087AB +$$
$$0.015AC - 0.060BC - 0.21A^2 - 0.49B^2 - 0.24C^2. \quad (2.2)$$

因为方程（2.2）中，二次项系数的值均为负数，可知该方程的抛物面开口朝下，所以具有极大值点，可以进行优化分析。由方程一次项系数绝对值大小可以判断各因素对响应值的影响程度（秦楠 等，2018；魏增云 等，2018），因而可以得出影响绿球藻多糖提取率的因素主次顺序为提取时间（A）、提取温度（B）、料液比（C）。对模型进行方差分析具体见表2.3。

表 2.3　回归方程方差分析

方差来源	自由度	平方和	均方和	F 值	P 值
模型	9	1.78	0.20	22.83	0.000 2（显著）
A	1	0.095	0.095	10.95	0.013 0
B	1	0.047	0.047	5.38	0.053 4
C	1	0.018	0.018	2.09	0.191 6
AB	1	0.031	0.031	3.54	0.101 7
AC	1	9×10^{-4}	9×10^{-4}	0.10	0.756 3
BC	1	0.014	0.014	1.67	0.237 7
A^2	1	0.19	0.19	21.75	0.002 3
B^2	1	1.00	1.00	115.23	<0.000 1
C^2	1	0.25	0.25	28.96	0.001 0
残差	7	0.060	8.639×10^{-3}		
失拟项	3	0.046	0.015	4.19	0.100 0（不显著）
误差项	4	0.015	3.650×10^{-3}		
总和	16	1.84			

注：$R^2=0.967\ 1$，$R_{adj}^2=0.924\ 7$；$P<0.05$，差异显著；$P<0.01$，差异极显著。

由表2.3可知，实验建立的回归模型 P 为0.000 2，表明该回归模型达到极显著水平；失拟项 $P=0.100\ 0$，不显著；相关系数 $R^2=0.967\ 1$，说明该模型和预测值之间有良好的拟合度（杨迎 等，2018；张雪春 等，2018），实验误差较小；$R_{adj}^2=0.924\ 7$，表明上述模型可以解释92.47%响应值的变化。综上所述，利用此模型对绿球藻多糖提取工艺的分析和预测是可靠的。

由表2.3可以看出，实验建立的回归模型一次项A的 P 值为0.013 0（$P<0.05$），因此提取时间对多糖提取率影响显著；B、C的 P 值分别为0.053 4和0.191 6（$P>0.05$），说明提取温度和料液比对多糖提取率的影响不显著。二次项 B^2 的 P 值小于0.000 1，表明提取温度对多糖提取率的影响极显著；由 F 值大小可知，影响绿球藻多糖提取率的因素主次顺序为提取时间（A）、提取温度（B）、料液比（C），这与之前的分析结论一致。

2.3.2.2 影响绿球藻多糖提取率的各因素交互作用的等高线和响应曲面分析

响应曲面图和等高线图可以直观地反映各个因素及其交互作用对绿球藻多糖提取率的影响。利用 Design Expert 8.0 软件作各因素交互作用的等高线和三维立体响应曲面图，见图 2.4 至图 2.6。

图 2.4 是在料液比 1 : 25 的条件下，提取时间、提取温度交互作用对多

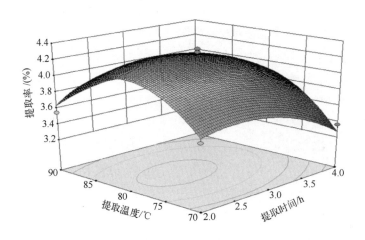

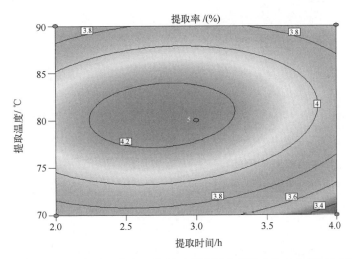

图 2.4 提取时间、提取温度交互作用对多糖提取率影响的响应曲面和等高线

糖提取率影响的响应曲面和等高线。由图 2.4 可知，随着提取时间和提取温度的增加，绿球藻多糖提取率呈现先上升后下降的趋势，且由响应曲面的坡度较陡和等高线呈椭圆形可知，提取时间和提取温度的交互作用对绿球藻多糖提取率影响显著。当提取时间为 2.76 h，提取温度为 80.52℃时，绿球藻多糖提取率达到最高。

图 2.5 是在提取温度 80℃条件下，料液比、提取时间交互作用对多糖

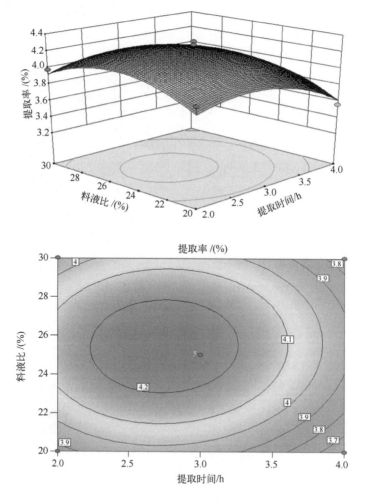

图 2.5　料液比、提取时间交互作用对多糖提取率影响的响应曲面和等高线

提取率影响的响应曲面和等高线。由图 2.5 可知，随着料液比和提取时间的增加，绿球藻多糖提取率变化幅度不大，呈现先缓慢上升后平缓下降的趋势，这与单因素实验的结果一致。当料液比为 1∶25.42，提取时间为2.76 h时，绿球藻多糖提取率达到最高。

　　图 2.6 是在提取时间为 2 h 条件下，料液比、提取温度交互作用对多糖提取率影响的响应曲面和等高线。由图可知，提取温度的曲面较陡，料液

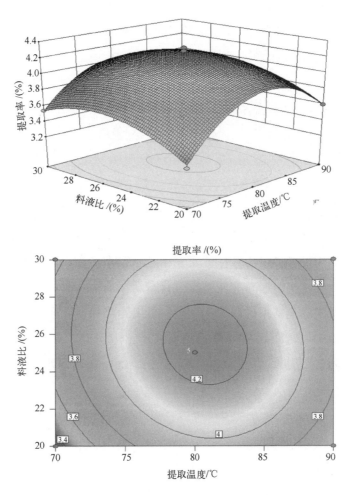

图 2.6　料液比、提取温度交互作用对多糖提取率影响的响应曲面和等高线

比的曲面较平缓，说明提取温度对绿球藻多糖提取率的影响比料液比大；并且等高线平面图呈圆形，表明料液比和提取温度的交互作用对绿球藻多糖提取率影响不显著。当料液比为 1：25.42，提取温度为 80.52℃时，绿球藻多糖提取率达到最高。

2.3.2.3 最佳工艺条件的确定与验证

根据响应曲面模型预测得到最佳条件为：提取时间 2.76 h，提取温度 80.52℃，料液比 1：25.42。在此条件下得到绿球藻多糖提取率预测值为 4.26%，考虑到实验的可行性，将提取条件调整为提取时间 3 h，提取温度 80℃，料液比 1：26，在此条件下绿球藻多糖提取率为 4.21%，实测值是预测值的 98.83%，与模型预测值接近，表明该模型预测性和可靠性良好，此提取条件是可行的。

2.4 小结

本章采用热水浸提法对绿球藻多糖进行提取，在单因素实验基础上进行响应曲面优化实验，对实验数据进行分析，研究了提取时间、提取温度和料液比对绿球藻多糖提取率的影响，得出影响绿球藻多糖提取率的因素主次顺序为提取时间（A）、提取温度（B）、料液比（C），最优提取条件为提取时间 3 h、提取温度 80℃、料液比 1：26，在此条件下，绿球藻多糖提取率达到 4.21%。

参考文献

陈锦鹏，林晓翠，王碧玉，等，2009. 仙草多糖提取工艺研究 [J]. 化学工程与装备

（3）：1-3.

陈莉，屠康，王海，等，2006. 采用响应曲面法对采后红富士苹果热处理条件的优化 [J]. 农业工程学报，22（2）：159-163.

戴军，王旻，尹鸿萍，等，2007. 杜氏盐藻多糖提取工艺的优化 [J]. 食品与发酵工业，33（3）：123-127.

费荣昌，2001. 试验设计与数据处理 [M]. 无锡：江南大学出版社.

郭守军，杨永利，姚慕贞，等，2010. 蜈蚣藻多糖提取工艺优化 [J]. 食品科技，35（6）：227-230.

李国莹，袁方，罗玮，等，2014. 海带岩藻多糖的提取工艺优化及初步结构分析 [J]. 食品工业科技，35（20）：312-316.

李亚清，2004. 海洋微藻多糖的提取分离纯化和结构特征研究 [D]. 大连：大连理工大学.

刘妍，2015. 两种微藻多糖的提取及其在可食性膜中的应用 [D]. 西安：西北农林科技大学.

彭照文，2002. 螺旋藻及其多糖的开发应用 [J]. 福建轻纺（3）：7-10.

钱森和，厉荣玉，魏明，等，2012. 普通念珠藻多糖提取及其体外抑菌活性研究 [J]. 食品科学，33（6）：96-99.

秦楠，郭丽丽，王小敏，等，2018. 响应面优化超声辅助酶法提取北芪菇多糖及其抑菌活性研究 [J]. 中国食品添加剂（8）：120-127.

任守利，刘塔斯，刘宇婧，等，2010. 天麻多糖提取工艺的研究 [J]. 湖南中医药大学学报，30（1）：37-40.

孙建光，谢应先，陈婉华，1998. 螺旋藻多糖的组成与功能及影响藻类多糖生成的因素 [J]. 海洋科学，22（3）：14-15.

唐道邦，裴小平，徐玉娟，等，2010. 响应曲面法优化鸡肉蛋白抗氧化肽制备工艺研究 [J]. 食品科学，31（6）：86-90.

王允祥，吕凤霞，陆兆新，2004. 杯伞发酵培养基的响应曲面法优化研究 [J]. 南京农业大学学报，27（3）：89-94.

魏增云，赵飞燕，张海容，2018. 响应面法优化微波辅助提取青蒿多糖工艺 [J]. 北方园艺（16）：155-159.

熊皓平, 黄和, 王博, 等, 2011. 响应面法优化硇洲马尾藻多糖提取工艺 [J]. 食品研究与开发, 32 (5): 52-56.

杨迎, 谢凡, 龚胜祥, 等, 2018. 响应面法优化辣木籽多酚提取工艺及其抗氧化活性 [J]. 食品工业科技, 39 (3): 172-178.

张秀红, 李宏全, 李加高, 等, 2010. 响应面法优化钝顶螺旋藻 FACHB-439 多糖提取工艺 [J]. 生物技术, 20 (6): 72-75.

张雪春, 刘江, 吴鑫, 等, 2018. 响应面法优化提取文冠果壳中多酚类物质及其体外抗氧化能力分析 [J]. 中国油脂, 43 (5): 117-122.

CHEN H W, YANG T S, CHEN M J, et al., 2012. Application of power plant flue gas in a photobioreactor to grow *Spirulina* algae, and a bioactivity analysis of the algal water-soluble polysaccharides [J]. Bioresource Technology, (120): 256-263.

DUBOIS M, GILLES K A, HAMILTON J K, et al., 1956. Colori-metric method for determination of sugars and related substances [J]. Analytical chemistry, 28: 350-354.

JIANG B, ZHANG H Y, LIU C J, et al., 2010. Extraction of water-soluble polysaccharide and the antioxidant activity from *Ginkgo biloba* leaves [J]. Medicinal Chemistry Research, 19 (3): 262-270.

LIU G Y, DANG J, WANG Q L, et al., 2013. Optimization of polysaccharides from *Lycium ruthenicum* fruit using RSM and its anti-oxidant activity [J]. International Journal of Biological Macromolecules, 61: 127-134.

MARAN J P, SIVAKUMAR V, THIRUGNANASAMBANDHAM K, et al., 2013. Optimization of microwave assisted extraction of pectin from orange peel [J]. Carbohydrate Polymers, 97 (2): 703-709.

SUN Y X, LI T B, YAN J W, et al., 2010. Technology optimization for polysaccharides (POP) extraction from the fruiting bodies of *Pleurotus ostreatus* by Box-Behnken statistical design [J]. Carbohydrate Polymers, 80 (1): 242-247.

TIAN S, ZHOU X, GONG H, et al., 2011. Orthogonal test design for optimization of the extraction of polysaccharide from *Paeonia sinjiangensis* K. Y. Pan [J]. Pharmacognosy Magazine, 7 (25): 4-8.

YANG W J, FANG Y, LIANG J, et al., 2011. Optimization of ultrasonic extraction of

Flammulina velutipes polysaccharides and evaluation of its acetylcholinesterase inhibitory activity [J]. Food Research International, 44 (5): 0-1275.

Y C L, HU W L, DAI D H, 2011a. Extraction of polysaccharides and the antioxidant activity from the seeds of *Plantago asiatica* L [J]. International Journal of Biological Macromolecules, 49 (4): 466-470

Y C L, JIANG C J, 2011b. Optimization of extraction process of crude polysaccharides from *Plantago asiatica* L. by response surface methodology [J]. Carbohydrate Polymers, 84 (1): 495-502.

YIM J H, KIM S J, AHN S H, et al., 2004. Antiviral effects of sulfated exopolysaccharide from the marine microalga *Gyrodinium impudicum* strain KG03 [J]. Marine Biotechnology (New York), 6 (1): 17-25.

第 3 章　绿球藻多糖的分离和纯化

目前国内外对藻多糖的提取方法较多，如热水浸提法（Hernando-Sastre，2010）、碱液浸提法（孙优依，2011）、超声破碎提取法（Vijayabaskar et al.，2012）、微波提取法（Abou Zeid et al.，2014）、反复冻融提取法（郑坤灿 等，2019）和酶辅助提取法（孙彦峰，2019）。经查阅大量相关文献发现，藻粗多糖的提取率在 2.5%~8.3%之间（郭晓烨 等，2017；季祥 等，2017），其提取率与提取方法、提取条件、藻类的品种及产地等因素有关；在提取方法中，提取率较高的是传统热水浸提法，也是应用最广泛的一种方法。此外，传统热水浸提法简单易行，不需要特殊的仪器设备。热水浸提法具有经济、操作简单及环保等优点。研究表明，热水浸提工艺被广泛用于多糖的提取（孙春晓 等，2014；杜晓风，2012；Wu et al.，2017；孙远征，2006；尚俊英 等，2007；Sun et al.，2010）。

多糖的分离纯化方法最为常见的是阴离子交换柱层析与凝胶柱层析联用（Sun et al.，2010；Wang et al.，2013；Liu et al.，2015；Cai et al.，2016；Li et al.，2016）。多糖经过阴离子交换树脂（常用的有 DEAE-52 纤维素、DEAE-Sepharose Fast Flow、DEAE-琼脂糖等），以不同离子强度的缓冲液梯度洗脱或线性洗脱可以将中性多糖与酸性多糖分离开；将阴离子交换层析分离得到的多糖组分进一步经凝胶柱，常用的有葡聚糖凝胶（Sephadex）、丙烯葡聚糖凝胶（Sephacryl）、琼脂糖凝胶（Sepharose）等层析，可以得到分子量不同的中性或酸性多糖组分。此外，根据不同分子量多糖分子粒径的大小不同，使其经过半透膜时实现分离（王群，2016），该法具有纯化成本低廉、分离速度快等特点，但得到的多糖需要进一步提纯。其次，由于分离方法不同，得到的绿球藻多糖组分及纯度也不尽相同。绿球藻多糖的分离纯化多数采用 DEAE-纤维素与 Sephardex 类型的层析柱来实现。

绿球藻粗多糖大多含有一定量蛋白质、核酸及色素等，需要进一步分离纯化以得到纯度较高的多糖。不仅理化性质会影响多糖活性，多糖结构对其活性也起关键作用。多糖的生物活性与其分子中单糖的组成、分子量分布及分子构型等密切相关（贾少婷，2007）。因此，通过对绿球藻多糖提取、纯化鉴定及结构分析等进行深入细致研究，获取更多绿球藻粗多糖（CPP）的含量、纯度及结构等相关信息，对进一步探讨其生物活性及应用具有重要的科学意义。要分析多糖的结构，需要了解其单糖组成，通常需要一系列的测定方法辅助完成，如仪器分析法。仪器分析法包括高效凝胶渗透色谱（HPGPC）法、高效液相色谱（HPLC）法和红外光谱法等。

本研究选用绿球藻的干藻粉为原料，采用热水浸提法对绿球藻（*Chlorococcum*）中的多糖进行提取，并利用 DEAE-52 纤维素柱层析和凝胶层析进行分级纯化。紫外分光光度法对纯化组分及粗多糖的理化性质进行了考察；并对主要分级组分进行了单糖组分分析、分子量测定，并用红外光谱法（FT-IR）研究了多糖的构型，进一步通过 HPLC、红外光谱、HPGPC对其结构进行了初步的分析。因此，要探讨绿球藻多糖的生物活性及应用，有必要对其分离纯化、分子组成、分子量及结构进行系统研究。本部分内容进一步研究了绿球藻多糖生物活性和机理，为其在医药、食品等领域的应用奠定科学的理论和实验基础。

3.1　实验材料和设备

3.1.1　实验材料

一株绿球藻（*Chlorococcum* sp. GD），采自山西省关帝山，藻种由山西大学生命科学学院藻类资源利用实验室分离、培养。

葡聚糖凝胶（Sephadex G-150）（瑞典 Pharmacia 公司）；DEAE-52 纤维素（瑞典 Pharmacia 公司）；右旋糖酐 D1、D2、D3、D4、D5、D6、D7、D8、D9、D10，标准分子量分别为 180 Da、2 500 Da、4 600 Da、7 100 Da、10 000 Da、21 400 Da、41 100 Da、84 400 Da、133 800 Da、2 000 000 Da（中国药品生物制品检定所）；标准单糖：甘露糖（Man），鼠李糖（Rha），半乳糖醛酸（Gal-UA），葡萄糖（Glc），半乳糖（Gal），木糖（Xyl），阿拉伯糖（Ara）和岩藻糖（Fuc）（纯度>99%，生工生物工程（上海）股份有限公司）；三氟乙酸（TFA，纯度>99%，天津市致远化学试剂有限公司）；1-苯基-3-甲基-5-吡唑啉酮（PMP）（纯度>99%，国药集团化学试剂有限公司）；甲醇、乙腈，HPLC 级（美国 Tedia 公司）；氯化钠、盐酸、氯仿、氢氧化钠（分析纯，生工生物工程（上海）股份有限公司）；葡萄糖、维生素 C、硫酸、氯仿、氢氧化钠、正丁醇、三氟乙酸、氯仿、磷酸钠、邻苯三酚、氯化钠和无水乙醇（生工生物工程（上海）股份有限公司）；抗坏血酸（分析纯，广州化学试剂厂）；1,1-二苯基-2-苦基肼（1-dipheny1-2-picryl-hydrazyl，DPPH）、2,2′-连氮-二（3-乙基苯并噻唑啉-6-磺酸）［2,2′-azino-bis（3-ethylbenzthiazoline-6-sulfonic acid），ABTS］、过硫酸钾和菲洛嗪（Sigma 公司）。苯酚和浓硫酸等试剂均为国产分析纯。以上试剂均为分析纯，所用水为超纯水。

3.1.2　主要实验设备

实验所用主要设备见表 3.1。

表 3.1　实验设备

实验设备	厂家
Nicolet iS50 傅立叶变换红外光谱仪	赛默飞世尔科技（中国）有限公司
HC-2518R 高速冷冻离心机	安徽中科中佳科学仪器有限公司
CR22N 低温大容量离心机	天美（中国）科学仪器有限公司
18ND 真空冷冻干燥机	宁波生物科技股份有限公司

续表

实验设备	厂家
HHS-21-4 电热恒温水浴锅	上海博迅实业有限公司医疗设备厂
TU-1810DAPC 紫外可见分光光度计	北京普析通用仪器有限公司
RF-02 旋转蒸发仪	上海普渡生化科技有限公司
SCIENTZ-18ND 冷冻干燥器	宁波新芝冻干设备股份有限公司
TB-214 电子分析天平	北京赛多利斯食品系统有限公司
HH-2 电热恒温水浴锅	常州国华电器有限公司
SHB-Ⅲ 循环水真空泵	上海知信实验仪器技术有限公司
T09-1S 恒温磁力搅拌器	上海司乐仪器有限公司
DHG-9070A 电热鼓风干燥箱	上海一恒科学仪器有限公司
P230II 型 HPLC 依利特	广州艾欣科学仪器有限公司
Waters e2695 高效液相色谱仪	费尔伯恩精密仪器（上海）有限公司

3.2 实验方法

3.2.1 绿球藻多糖的提取

参照杜玲（2010）方法并略做修改。将 20 g 绿球藻粉末溶于 400 mL 蒸馏水中配成 5% 的溶液，用 95℃ 热水提取 2 h，经真空抽滤后收集滤液，残渣再次加适量蒸馏水热提 1 h，合并两次的滤液并用旋转蒸发仪在 80℃ 下浓缩至原体积的 1/3，按 3∶1 体积比加入氯仿-正丁醇溶液（V/V∶4/1），充分混合搅拌 30 min，沉淀蛋白两次。然后将水相与氯仿相分开，得到粗多糖溶液。提取液经再次浓缩，按体积比 1∶3 加入 85% 的乙醇溶液沉淀多糖，4℃ 过夜。离心后将沉淀冷冻干燥，得绿球藻粗多糖（CCP），见图 3.1。

图 3.1　绿球藻粗多糖

3.2.2　多糖含量的测定

参照 Dubois 报道的苯酚–硫酸法略做修改（Qiao et al., 2009）。

（1）葡萄糖标准溶液：称取一定量的葡萄糖标准品，100℃烘干至恒重。精密称取烘干后的葡萄糖标准品 20 mg，溶解后定容至 500 mL。6%苯酚：称取 6 g 苯酚，溶解后定容至 100 mL，棕色瓶保存备用。

（2）制作葡萄糖标准曲线：分别吸取葡萄糖标准液 0.4 mL、0.6 mL、0.8 mL、1.0 mL、1.2 mL、1.4 mL、1.6 mL 及 1.8 mL，各管分别以蒸馏水补至 2.0 mL，然后加入 6%苯酚 1.0 mL 后摇匀，各管分别加入浓硫酸 5.0 mL，摇匀冷却，沸水浴显色 15 min 后于 490 nm 波长下测吸光度，将 2.0 mL 水按同样显色操作作为空白对照，横坐标为葡萄糖标准品的微克数，纵坐标为吸光值，得标准曲线（陈致印 等，2016）。

（3）样品总糖含量测定：称取一定量的绿球藻多糖样品，配制成适当浓度的多糖溶液，吸取多糖样品溶液 2.0 mL，按标准曲线的测定方法测定多糖样品的吸光值。将样品的吸光值代入葡萄糖标准曲线即得到多糖样品的总糖含量。

（4）绿球藻粗多糖含量的测定采用苯酚-硫酸法，以葡萄糖为标准品，建立了标准曲线。采用干重法，测定绿球藻粗多糖提取液中多糖含量。绿球藻粗多糖提取率以公式（3.1）计算

$$Y = \frac{m \times a}{w} \times 100\% , \qquad (3.1)$$

式中，Y——绿球藻多糖提取率；

　　m——多糖测定液中葡萄糖含量（μg）；

　　a——稀释倍数；

　　w——绿球藻粉重量（μg）。

3.2.3　DEAE-52 纤维素柱层析初步分离

称取适量的 DEAE-52 纤维素，加入去离子水中浸泡过夜使其充分溶胀。抽滤干后以 0.5 mol/L NaOH 溶液浸泡半小时，去离子水反复冲洗至中性；抽滤干后以 0.5 mol/L HCl 溶液浸泡半小时，反复水洗至中性；再以 0.5 mol/L NaOH 溶液浸泡半小时，水洗至中性，备用。将预处理好的 DEAE-52 纤维素进行湿法装柱，装柱过程防止产生气泡及分层。装好后先用 0.5 mol/L NaCl 冲洗 1~3 个柱体积，再以去离子水平衡备用。

称取绿球藻粗多糖 0.2 g，用最少量的蒸馏水溶解。上 DEAE-52 纤维素层析柱（50 cm×2.6 cm），先用蒸馏水洗至无糖检出，依次用 0 mol/L、0.1 mol/L、0.3 mol/L、0.5 mol/L NaCl 洗脱，洗脱速度为 1 mL/min，分管收集，每管 5 mL，收集液用硫酸-苯酚法跟踪检测各流份 $A_{490\,nm}$ 值，以管号为横坐标，$A_{490\,nm}$ 值为纵坐标绘制洗脱曲线（刘涵 等，2019），并收集各洗脱峰部分进行浓缩、透析、冷冻干燥，得到初步纯化组分。

3.2.4　Sephadex G-150 凝胶柱层析纯化

称取一定量的葡聚糖凝胶 Sephadex G-150 干粉，加入去离子水后沸水

浴使其充分溶胀，溶胀后以去离子水漂洗数次去除表面漂浮的杂质及破碎凝胶。将预处理好的葡聚糖凝胶 Sephadex G-150 进行湿法装柱，装好后先以 0.1 mol/L 的 NaCl 溶液平衡备用。

称取 30 mg 经 DEAE-52 纤维素柱层析初步纯化的多糖组分，充分溶于适量去离子水中，上 Sephadex G-150 层析柱（100 cm×1.5 cm），用蒸馏水以 0.2 mL/min 速度洗脱，按每管收集 5 mL 接洗脱液，隔管用苯酚-硫酸法在波长 490 nm 处检测吸光度值，以管号为横坐标，吸光值为纵坐标绘制 Sephadex G-150 洗脱曲线，并收集各洗脱峰部分，后浓缩到适当体积透析 24 h，透析液浓缩后真空冷冻干燥得到纯化的绿球藻纯多糖样品。

3.2.5　多糖的紫外可见光谱扫描

收集纯化绿球藻纯多糖溶液，制成约 1 mg/mL 溶液，用紫外分光光度计在紫外可见区 200~500 nm 波长内进行扫描，得紫外可见吸收光谱，观察其光谱特征及在波长 260 nm 和 280 nm 处紫外吸收特征。

3.2.6　多糖的红外光谱扫描

取干燥的绿球藻多糖样品 1~2 mg，采用赛默飞傅立叶变换红外光谱仪（Nicolet iS50）以衰减全反射模式进行红外光谱扫描，扫描波数范围为 3 500~650 cm^{-1}，分辨率为 0.1 cm^{-1}。

3.2.7　高效凝胶色谱法进行测定绿球藻多糖分子量

采用 HPGPC 法测定绿球藻多糖分子量（Li et al., 2012），色谱条件如下。依利特：P230II 型 HPLC；流动相：超纯水；柱温：（35±0.5）℃；进样量：20 μL；运行时间：30 min；流速：1.0 mL/min；色谱柱：TSKgel G-4000 PWXL 凝胶柱；检测器：示差折光检测器检测（Shodex RI-201）；进样方式：色谱柱温箱（HT-330）手动进样。

精密称取标准右旋糖酐分子量（Mw）分别为 180 Da、2 500 Da、4 600 Da、7 100 Da、10 000 Da、21 400 Da、41 100 Da、84 400 Da、133 800 Da、2 000 000 Da 的 10 种标品，配成质量浓度为 5 mg/mL 的标准溶液，经 0.22 μm 的微孔滤膜过滤，取滤液作为供试溶液。按分子量从小到大依次进样。记录色谱图上的保留时间，以色谱图上的保留时间（Retention time）为横坐标，右旋糖酐系列标准品分子量的对数值（lg Mw）为纵坐标作图，得到多糖分子量的标准曲线。同时将待测绿球藻多糖样品配置成 5 mg/mL 的溶液，经 0.22 μm 的微孔滤膜过滤，取滤液在同样条件下进样，根据样品进样后的出峰数目及峰的形状判断多糖的纯度；记录样品色谱图上的保留时间，将保留时间代入多糖分子量的标准曲线计算即可得到多糖样品的分子量。

3.2.8　液相色谱法测定绿球藻多糖的单糖组成

绿球藻多糖中单糖组成采用 1-苯基-3-甲基-5-吡唑啉酮柱前衍生高效液相色谱（HPLC）法进行分析（陈燕文 等，2017；林聪 等，2014）。单糖类物质因不具备发色集团，极性较强，且结构相似，所以难以分析检测。采用 PMP 柱前衍生 HPLC 法，可使还原糖与 PMP 在碱性条件下发生衍生反应，1 分子糖的还原末端可与 2 分子 PMP 形成稳定衍生物（符梦凡 等，2018），衍生后的糖类物质在紫外可见光 250 nm 波长处出现强烈吸收，检测灵敏度可达到 $1×10^{-13} \sim 1×10^{-12}$ mol（张璐瑶 等，2016）。

色谱条件：液相色谱柱为 Agela Venusil XBP-C18（250 mm×4.6 mm，5 μm）；流动相 A 相为磷酸二氢钾缓冲液 83%（pH 值为 6.7），B 相为乙腈 17%，流速为 1.0 mL/min。进样量为 20 μL，柱温为 35℃，检测波长为 250 nm。

绿球藻多糖的水解：称取 5 mg 待测样品置于水解管中，加入 3 mL 浓度为 2 mol/L 的三氟乙酸将其溶解，密封，置于 120℃烘箱中加热水解 2 h。取出，放置冷却至室温后，转移至 25 mL 圆底烧瓶中。45℃减压条件下反复加入少量甲醇，取出残余的三氟乙酸。

PMP 衍生单糖标准品：分别精密称取甘露糖、半乳糖醛酸、葡萄糖、半乳糖、木糖、阿拉伯糖、岩藻糖、鼠李糖对照品 0.09 g、0.097 g、0.09 g、0.09 g、0.075 g、0.075 g、0.082 g、0.091 g，将各单糖标准品称至同一个 10 mL 离心管中，加 5 mL 超纯水，溶解并混匀，至终浓度为 100 mmol/L，即得混合对照品溶液。取 1 mL 浓度为 100 mmol/L 的混合标准品，加入 9 mL 超纯水，将混合样品稀释成 10 mmol/L。置于 20 mL 量瓶中加水溶解，并加至刻度，即得混合对照品溶液。取混合标品 200 μL 至 2 mL EP 管中，与 240 μL 浓度为 0.5 mol/L 的 PMP 及 0.2 mL 浓度为 0.3 mol/L 的 NaOH 溶液混合，充分振摇，放置恒温金属浴中，70℃、300 r/min 反应 70 min。然后冷却至室温，加入 200 μL 浓度为 0.3 mol/L 的 HCl 进行中和，加入 1 mL 氯仿萃取，离心，弃去有机层，重复萃取 3 次，得上层水液，经 0.22 μm 微孔滤膜过滤，备用。

PMP 衍生多糖水解样品：精密吸取多糖水解液 200 μL，按上述"PMP 衍生单糖标准品"中的衍生方法进行衍生化，经 0.22 μm 微孔滤膜过滤，进行 HPLC 分析。根据单糖标准品出峰的保留时间定性分析样品的单糖组成。

3.2.9 绿球藻多糖化学性质的鉴定

3.2.9.1 冻融试验

取绿球藻多糖纯化后组分，将其制成 1% 的多糖溶液，于 -20℃ 放置过夜，次日迅速解冻，后取 5 000 g 离心 10 min，并检查其有无沉淀，如果没有沉淀则表明样品均一。

3.2.9.2 外观及溶解性测定

经过纯化的绿球藻纯多糖为白色棉絮状物，且易溶于水，不溶于高浓度的丙酮、乙醇、乙醚等有机溶剂。

3.2.9.3　Molish 反应

取待测液 2 mL，加入 6%萘酚试剂数滴充分混匀后，缓慢加入 8 滴浓硫酸使其分为两层，静置 3 min 后，如两层液面间出现紫红色的环，则表明有多糖存在。

3.2.9.4　碘反应

取待测溶液 2 mL，加入碘试剂 2 滴，并观察其颜色变化，变蓝黑色证明含有淀粉。

3.2.9.5　三氯化铁反应

酚类物质能与三氯化铁的溶液发生显色反应，生成绿色物质。用三氯化铁反应可以检测多糖中有无酚类物质。取 10 g/L 的待测溶液 2 mL，加入 1%的三氯化铁溶液 1 mL，将其充分混匀后，沸水浴加热 20 min，待冷却至室温后，观察其有无绿色物质生成。

3.2.9.6　茚三酮反应

蛋白质水解后生成氨基酸，其在碱性溶液中与茚三酮发生颜色反应，生成蓝紫色化合物（脯氨酸除外）。所以用茚三酮反应能够鉴别多糖中有无氨基酸。取 10 g/L 的待测溶液 1 mL，加入浓度为 0.1 %的茚三酮乙醇溶液 0.5 mL 后混匀，于沸水浴加热 15 min，待冷却后观察其颜色变化。

3.2.9.7　考马斯亮蓝反应

考马斯亮蓝 G-250 可与蛋白质相结合，其颜色由游离状态的红色转变为青色，而且蛋白质与色素的结合物在 595 nm 波长下有最大吸光度，其吸光值和蛋白质的含量成正比。所以考马斯亮蓝 G-250 可以用来检测多糖中是否含有蛋白质。取 10 g/L 的待测溶液 1 mL，加入 5 mL 考马斯亮蓝 G-250溶液并观察其颜色变化（张彤，2016）。

3.2.10 统计分析

数据以平均值±标准偏差（Mean±SD）表示，图形采用 Origin 8.5 绘制。

3.3 结果与讨论

3.3.1 葡萄糖标准曲线的绘制

应用苯酚-硫酸法测定多糖的含量，用葡萄糖作为标准品，吸光度为纵坐标 Y，葡萄糖质量（μg）为横坐标 X，绘制标准曲线（图3.2），得到回归方程和糖含量，回归方程为 $Y = 0.008\ 2X + 0.090\ 6$，相关系数 $R^2 = 0.995\ 6$，计算得到绿球藻粗多糖提取率为 6.07%。

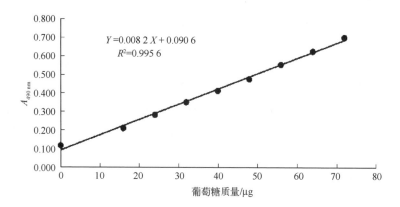

图 3.2　苯酚-硫酸法标准曲线

3.3.2　绿球藻多糖 DEAE-52 纤维素柱层析初步分离纯化

将提取得到的绿球藻粗多糖（CCP）过 DEAE-52 纤维素柱层析分离，洗脱组分经硫酸-苯酚法检测，得到洗脱曲线（图 3.3）。由图可知，CCP 经分离后获得 3 个组分，分别命名为 CPP-Ⅰ、CPP-Ⅱ、CPP-Ⅲ。经透析然后真空冷冻干燥后均为白色结晶，称重得 CPP-Ⅰ、CPP-Ⅱ 和 CPP-Ⅲ 的质量分别为 0.152 4 g、0.077 1 g 和 0.016 3 g。

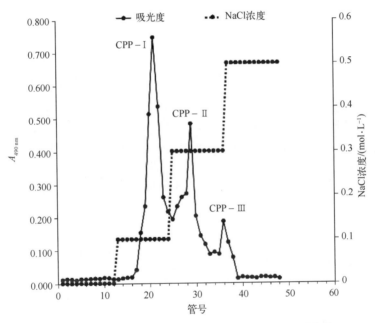

图 3.3　绿球藻粗多糖 DEAE-52 纤维素柱层析洗脱曲线

3.3.3　Sephadex G-150 葡聚糖凝胶进一步纯化

将绿球藻纯多糖组分 CPP-Ⅰ进一步采用 Sephadex G-150 凝胶层析柱纯化，得到一个多糖组分，命名为 CPP-Ⅳ（见图 3.4），洗脱峰为单一峰，且峰形对称，表明多糖 CPP-Ⅳ 为纯单一组分。经真空冷冻干燥备用，称重得 CPP-Ⅳ 为 0.059 g，水溶液 pH 值为 6.42，为水溶性酸性多糖。

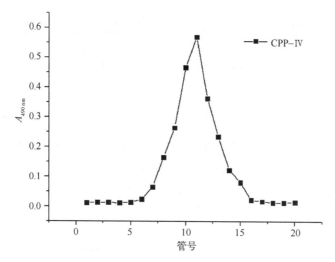

图 3.4   多糖 CPP-Ⅰ Sephadex G-150 柱层析洗脱曲线

3.3.4   紫外图谱分析

多糖溶液经 Savege 试剂除杂处理和 DEAE-52 纤维素层析柱和 Sephadex G-150 葡聚糖凝胶进一步纯化后的紫外光谱分析如图 3.5 所示。

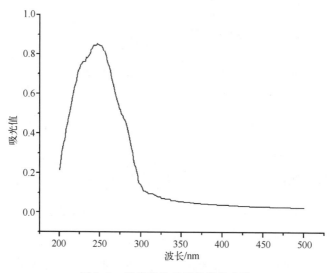

图 3.5   绿球藻纯多糖的紫外光谱

由图可知，绿球藻纯多糖在紫外区 247 nm 波长处有最大吸收峰，260 nm 和 280 nm 波长处无吸收峰，表明绿球藻纯多糖中核酸和蛋白质等杂质已去除，多糖具有较高的纯度。

3.3.5　绿球藻多糖的红外光谱分析

绿球藻纯多糖的红外光谱见图 3.6，从光谱特征上看，CPP-Ⅳ在 3 180 cm^{-1}、2 984 cm^{-1}、1 629 cm^{-1} 及 1 036 cm^{-1} 具有较强吸收，为典型的多糖特征吸收（王德培，1997）。在波数 3 400~3 180 cm^{-1} 的吸收峰主要为糖类的 O-H 及 N-H 的伸缩振动；2 984 cm^{-1} 处的吸收峰为 -CH$_3$- 键伸缩振动；2 943 cm^{-1} 处的吸收峰为 -CH$_2$- 键伸缩振动；1 629 cm^{-1} 附近的吸收峰可能是酰胺基中 C=O 伸缩振动峰；1 551 cm^{-1} 吸收峰为 -NO$_2$- 伸缩振动峰；1 400~1 200 cm^{-1} 内的吸收主要为 C-H 变角振动引起；1 295cm^{-1} 可能是硫酸基吸收峰（张赛金 等，2005）；在 1 154~1 010 cm^{-1} 范围内存在低波数 1 036 cm^{-1} 的强吸收，是 C-O-C 或 C-O-H 中的 C-O 键的弯曲振动，为葡萄糖的特征吸收（Kacurakova et al.，2000），909 cm^{-1} 处具有吸收峰，为

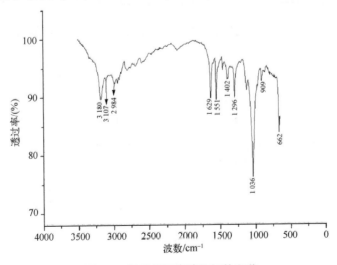

图 3.6　绿球藻纯多糖的红外光谱

C-H 变形振动；662cm⁻¹处的峰为 O-H 面外弯曲。由红外光谱可知 CPP-Ⅳ 具有明显的糖类化合物的特征。

3.3.6　测定已知分子量的葡聚糖

采用高效凝胶渗透色谱法测定已知的分子量葡聚糖，结果见表3.2。

表 3.2　葡聚糖分子量分析

序号	葡聚糖分子量/Da	Lg Mw	保留时间 t/min
1	2 000 000	6.30	6.80
2	133 800	5.13	7.83
3	84 400	4.93	8.01
4	41 100	4.61	8.29
5	21 400	4.33	8.54
6	10 000	4.00	8.83
7	7 100	3.85	8.97
8	4 600	3.66	9.13
9	2 500	3.39	9.37
10	180	2.26	10.37

将 t 对 Lg Mw 进行线性回归处理（图 3.7），得回归方程：Lg Mw = $-1.129t+13.973$。$R^2=0.9906$。

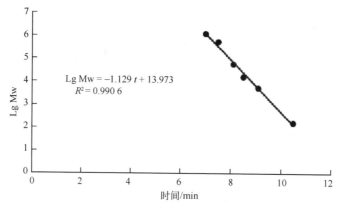

图 3.7　葡聚糖分子量标准曲线

3.3.7 绿球藻多糖的分子量

将 5 mg/mL 绿球藻多糖溶液，按 3.2.7 节的色谱条件进样，通过高效凝胶色谱进行测定，记录色谱峰保留时间（图 3.8），根据样品测定的保留时间，通过 3.3.6 节的线性关系，计算绿球藻纯多糖的分子量。

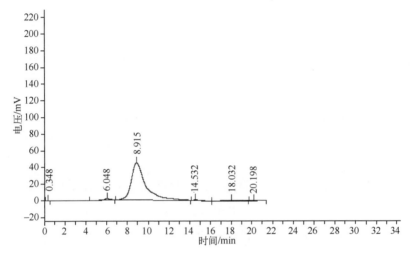

图 3.8 绿球藻纯多糖的高效凝胶渗透色谱

通过高效凝胶渗透色谱对绿球藻多糖分子量进行分析，结果表明，绿球藻纯多糖在 HPGPC 上呈单一对称峰，说明其为纯度较高的均一多糖组分。由上图可知，保留时间 $t = 8.915$，代入 3.3.6 节中的回归方程，得 $M_w = 8\,090.31$ Da。

3.3.8 绿球藻多糖的单糖组成分析

单糖 1-苯基-3-甲基-5-吡唑啉酮（PMP）衍生化的原理为：在碱性介质中，1-苯基-3-甲基-5-吡唑啉酮上的活性亚甲基和单糖还原末端进行缩合，因 PMP 具有共轭双键结构，可通过紫外检测器检测到 PMP-糖的衍生物，从而有效分析单糖种类及含量，因具有操作简便、灵敏度高等优点得到广泛应用。

　　将不同浓度的单糖混标溶液进行 PMP 衍生分别进样检测，结果如图 3.9 所示。由图可以看出，8 种单糖可以有效地分开。

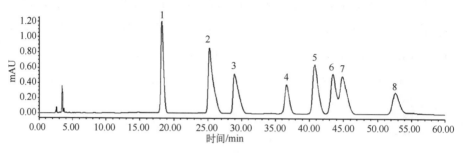

图 3.9　单糖标准品 PMP 衍生物色谱分离

1. 甘露糖（Man）；2. 鼠李糖（Rha）；3. 半乳糖醛酸（Gal-UA）；4. 葡萄糖（Glc）；
5. 半乳糖（Gal）；6. 木糖（Xyl）；7. 阿拉伯糖（Ara）；8. 岩藻糖（Fuc）

　　绿球藻纯多糖 PMP 衍生后的 HPLC 图谱如图 3.10 所示，将多糖样品的 HPLC 图谱与混合单糖标准品的 HPLC 图谱对比确定样品的单糖组成。结果表明，色谱峰分离效果较好，保留时间稳定，能够进行准确的定性和定量测定。分别记录各组成单糖的峰面积，由面积归一法计算各单糖组成摩尔比。由图可知，绿球藻多糖原料中单糖的主要组成为甘露糖、鼠李糖、葡萄糖、半乳糖和木糖，含有极少量的半乳糖醛酸和岩藻糖。通过计算得出

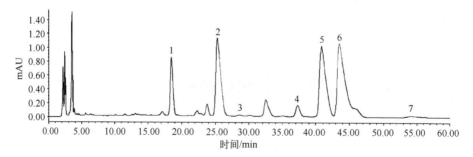

图 3.10　绿球藻纯多糖 PMP 衍生物色谱

1. 甘露糖（Man）；2. 鼠李糖（Rha）；3. 半乳糖醛酸（Gal-UA）；4. 葡萄糖（Glc）；
5. 半乳糖（Gal）；6. 木糖（Xyl）；7. 岩藻糖（Fuc）

绿球藻多糖中甘露糖、鼠李糖、半乳糖醛酸、葡萄糖、半乳糖、木糖和岩藻糖的摩尔比为 1. 68 : 3. 26 : 0. 09 : 1. 00 : 4. 56 : 8. 11 : 0. 28。

3.3.9　绿球藻多糖化学性质的鉴定

绿球藻多糖的理化性质见表 3.3。

表 3.3　多糖的理化性质比较

参数	CCP	CPP-Ⅰ	CPP-Ⅱ	CPP-Ⅲ	CPP-Ⅳ	性质判定
反复冻融	有沉淀	无沉淀	无沉淀	无沉淀	无沉淀	
溶解性	水溶性	水溶性	水溶性	水溶性	水溶性	
色泽质地	绿色海绵状物	白色海绵状物	白色海绵状物	白色海绵状物	白色海绵状物	
Molish 反应	+	+	+	+	+	含有多糖类
碘反应	-	-	-	-	-	非淀粉类多糖
三氯化铁反应	-	-	-	-	-	不含酚类物质
茚三酮反应	-	-	-	-	-	不含氨基酸
考马斯亮蓝反应	-	-	-	-	-	不含蛋白质

注：+表示阳性；-表示阴性。

3.4　小结

本章采用热水浸提法提取了绿球藻多糖，通过 DEAE-52 纤维素柱层析对多糖进行初步分离，再经 Scphadex G-150 葡聚糖凝胶柱将绿球藻多糖组分进行分级纯化，通过高效凝胶渗透色谱测得绿球藻多糖的分子量，并通过高效液相色谱对其单糖组成等进行了研究，主要结论如下：

（1）绿球藻粗多糖经 DEAE-52 纤维素柱层析分离，得到 3 个组分 CPP-Ⅰ、CPP-Ⅱ 和 CPP-Ⅲ，硫酸-苯酚法测定其百分含量分别为 50.80%、25.70% 和 5.43%；将主要组分 CPP-Ⅰ 进一步用 Sephadex G-150 凝胶层析柱纯化，得单一组分 CPP-Ⅳ，其纯化率为 38.71%。CPP-Ⅳ水溶液 pH 值为 6.42，为水溶性酸性多糖。

（2）将组分 CPP-Ⅳ经 Sephadex G-150 凝胶柱层析及紫外可见光谱扫描分析，证实组分 CPP-Ⅳ不含核酸和蛋白质，纯度较高。经 Sephadex G-150 凝胶柱层析法测定得 CPP-Ⅳ的分子量为 8 090.31 Da。绿球藻多糖的红外光谱分析显示，从光谱特征看 CPP-Ⅳ在多糖的主要峰值阶段都具有较强吸收，为典型的多糖特征吸收。

（3）通过高效液相色谱对 CPP-Ⅳ的组成与结构进行了分析可知，CPP-Ⅳ主要组成为甘露糖、鼠李糖、葡萄糖、半乳糖和木糖，含有极少量的半乳糖醛酸和岩藻糖。通过计算得出绿球藻多糖中甘露糖、鼠李糖、半乳糖醛酸、葡萄糖、半乳糖、木糖和岩藻糖的摩尔比为 1.68∶3.26∶0.09∶1.00∶4.56∶8.11∶0.28。

参考文献

陈燕文，李玉娟，宋梦璐，等，2017. PMP 柱前衍生化-HPLC 法分析玛咖多糖的单糖组成 [J]. 当代化工，46（8）：1513-1516.

陈致印，杨小斌，罗求实，等，2016. 土党参多糖分离纯化及抗氧化能力分析 [J]. 食品科技，41（8）：185-190.

杜玲，2010. 钝顶螺旋藻两个生态种多糖的抗菌、抗肿瘤活性及其机理的研究 [D]. 呼和浩特：内蒙古农业大学.

杜晓凤，2012. 微绿球藻藻油提取工艺及富油培养条件的优化 [D]. 烟台：鲁东大学.

符梦凡，赵一帆，阎卫东，2018. 柱前衍生化 HPLC 法分析枸杞多糖中单糖组成 [J]. 食品科学，39（18）：186-191.

郭晓烨，邱昌扬，何勇锦，等，2017. 提高微绿球藻的生物量和油脂含量的研究 [J]. 中国油脂，42（10）：121-125.

季祥，乔岩，成杰，等，2017. 拟微绿球藻生长条件优化 [J]. 江苏农业科学，45（2）：154-156.

贾少婷，2007. 鄂尔多斯螺旋藻多糖降血糖活性及对微生物作用的研究［D］. 呼和浩特：内蒙古农业大学.

林聪，赵春琦，李娜，等，2014. 1 种绿藻硫酸多糖的化学组成及其结构表征［J］. 中国海洋药物，33（4）：55-58.

刘涵，张苗，刘晓娟，等，2019. 雨生红球藻多糖的分离纯化和免疫活性组分鉴定［J］. 食品科学，40（2）：52-58.

尚俊英，谢裕安，杨帆，等，2007. 螺旋藻多糖超声波提取方案的优化［J］. 湖南师范大学学报（医学版），4（3）：23-26.

孙春晓，王忠全，周全利，等，2014. 氮、磷和铁对微拟绿球藻生物量和蛋白含量的影响［J］. 上海海洋大学学报，23（5）：748-752.

孙彦峰，2019. 绿球藻多糖的提取优化和壳聚糖/绿球藻多糖复合膜的制备及性能研究［D］. 太原：山西大学.

孙优依，2011. 国外防治抗生素滥用的良方［J］. 观察与思考（3）：20-21.

孙远征，2006. 钝顶螺旋藻多糖及其抗肿瘤作用的研究［D］. 青岛：中国海洋大学.

王德培，1997. 螺旋藻多糖的研究［D］. 广州：华南理工大学.

王群，2016. 螺旋藻多糖分离纯化、结构分析及预防肠道屏障氧化损伤作用研究［D］. 广州：华南农业大学.

张璐瑶，赵峡，陈欢欢，2016. 糖类化合物 PMP 衍生分析进展［J］. 分析测试学报，35（3）：367-372.

张赛金，李文权，邓永智，等，2005. 海洋微藻多糖的红外光谱分析初探［J］. 厦门大学学报（自然科学版）（增刊），44：212-214.

张彤，2016. 螺旋藻多糖的提取、纯化与抗氧化活性的研究［D］. 沈阳：沈阳农业大学.

郑坤灿，李嫣然，武迪，等，2019. 拟微绿球藻生长对 4 种重金属的去除效果研究［J］. 生物学杂志，36（3）：47-50.

ABOU ZEID A H, ABOUTABL E A, SLEEM A A, et al., 2014. Water soluble polysaccharides extracted from *Pterocladia capillacea* and *Dictyopteris membranacea* and their biological activities［J］. Carbohydrate Polymers, 113：62-66.

CAI W, XU H, XIE L, et al., 2016. Purification, characterization and in vitro anticoagulant activity of polysaccharides from *Gentiana scabra* Bunge roots [J]. Carbohydrate Polymers, 140 (1): 308-313.

HERNANDO-SASTRE V, 2010. Macrolide antibiotics in the treatment of asthma. An update [J]. Allergologia et Immunopathologia, 38 (2): 92-98.

KACURAKOVA M, CAPEK P, SASINKOVA V, et al., 2000. FT-IR study of plant cell wall model compounds: Pectic polysaccharides and hemicelluloses [J]. Carbohydrate Polymers, 43 (2): 195-203.

LI H Y, MAO W J, HOU Y J, et al., 2012. Preparation, structure and anticoagulant activity of a low molecular weight fraction produced by mild acid hydrolysis of sulfated rhamnan from *Monostroma latissimum* [J]. Bioresource Technology, 114: 414-418.

LI Y P, LI W H, ZHANG G L, et al., 2016. Purification and characterization of polysaccharides degradases produced by *Alteromonas* sp. A321 [J]. International Journal of Biological Macromolecules, 86: 96-104.

LIU J, WEN X Y, KAN J, et al., 2015. Structural characterization of two water-soluble polysaccharides from black soybean (*Glycine max* (L.) Merr.) [J]. Journal of Agricultural and Food Chemistry, 63 (1): 225-234.

QIAO D L, HU B, GAN D, et al., 2009. Extraction optimized by using response surface methodology, purification and preliminary characterization of polysaccharides from *Hyriopsis cumingii* [J]. Carbohydrate Polymers, 76 (3): 422-429.

SUN Y X, LIU J C, KENNEDY J F, 2010. Purification, composition analysis and antioxidant activity of different polysaccharide conjugates (APPs) from the fruiting bodies of *Auricularia polytricha* [J]. Carbohydrate Polymers, 82 (2): 299-304.

SUN Y X, LI T B, YAN J W, et al., 2010. Technology optimization for polysaccharides (POP) extraction from the fruiting bodies of *Pleurotus ostreatus* by Box-Behnken statistical design [J]. Carbohydrate Polymers, 80 (1): 242-247.

VIJAYABASKAR P, VASEELA N, THIRUMARAN G, 2012. Potential antibacterial and antioxidant properties of a sulfated polysaccharide from the brown marine algae *Sargassum swartzii* [J]. Chinese Journal of Natural Medicines, 10 (6): 421-428.

WANG Y F, LIU Y Y, MAO F F, et al., 2013. Purification, characterization and biological activities in vitro of polysaccharides extracted from tea seeds ［J］. International Journal of Biological Macromolecules, 62: 508-513.

WU X Y, LI R C, ZHAO Y J, et al., 2017. Separation of polysaccharides from *Spirulina platensis* by HSCCC with ethanol-ammonium sulfate ATPS and their antioxidant activities ［J］. Carbohydrate Polymers, 173: 465-472.

第4章　绿球藻多糖的抗氧化活性研究

众所周知，食品在贮藏过程中，各类营养成分易发生氧化、变质或引起微生物腐败。在食品体系中会产生一些活性自由基，如羟基、超氧阴离子自由基等，它们会引起脂肪、蛋白分子等结构变化，最终导致食品营养、滋味、口感等品质下降；营养成分也易遭受细菌、真菌等微生物的侵扰，引起食品腐败变质，严重时可引起人体中毒，影响健康（陈霞霞 等，2016）。

机体在生命活动和新陈代谢过程中会产生一类化合物，这类化合物的基团上具有不成对电子，称之为自由基。常见的自由基包括超氧阴离子自由基、羟基自由基、DPPH自由基等（Seifried et al.，2007）。适量的自由基对于抵御感染物质入侵及信号转导过程等具有一定作用，但自由基过多就会出现破坏作用，损坏机体组织，引起多种疾病，如心血管病、癌症等（Knight，1995）。为降低自由基的破坏作用，人们合成了抗氧化剂，如BHT、TBHQ、BHA等，但合成的抗氧化剂如BHT及BHA同样会引发癌症、肝损伤等（Grice，1988）。因此，从天然动物、藻类植物中开发抗氧化活性成分，用于清除自由基，预防疾病的发生，已是当下研究的热点。越来越多天然来源的藻类多糖已被证实具有较好的抗氧化活性，可作为潜在的抗氧化剂。

藻类资源丰富，富含多糖、蛋白质等活性物质。随着人类对健康、绿色生活的追求，越来越多的人更加注重食品安全，而具有发展潜力的藻多糖则因此成为研究热点。藻多糖与藻类药理活性密切相关，被广泛用于食品、制药工业以及生物技术等领域（Xu et al.，2017）。目前评价天然产物体外抗氧化活性的方法主要包括化学法和细胞模型法，这两种方法因经济便捷、测定方便、结果直观等优点而得到广泛应用。

　　绿球藻多糖具有降血糖、免疫调节、抗氧化等功效（Ren et al., 2015；Zhang et al., 2014；Xue et al., 2015；Samavati et al., 2013）。据报道，多糖的抗氧化活性主要与其分子量、糖醛酸含量、硫酸化程度、单糖组成及糖苷键等相关（Liu et al., 2010；Sun et al., 2014；Zeng et al., 2014）。然而，目前对绿球藻多糖抗氧化的研究很少，罕见绿球藻多糖纯化组分抗氧化活性的报道。本实验将运用化学法（包括清除 DPPH 自由基、羟基自由基、超氧阴离子自由基、ABTS 自由基，利用金属离子螯合力、还原能力）系统研究绿球藻粗多糖及其纯化组分的抗氧化活性。

　　在本章中，通过实验考查绿球藻粗多糖（CCP）及纯化后多糖的抗氧化性，有针对性地构建食品中常见 DPPH 自由基、羟基自由基及超氧阴离子自由基等氧化体系，测试了绿球藻多糖的抗氧化活性以及其对氧化起催化作用的金属离子的螯合能力，以期为进一步研究绿球藻多糖抗氧化活性提供实验依据，并为绿球藻多糖作为天然食品抗氧化剂的开发研究奠定理论基础。

4.1　实验材料和设备

4.1.1　实验材料

　　一株绿球藻（*Chlorococcum* sp. GD），采自山西省关帝山，藻种由山西大学生命科学学院藻类资源利用实验室分离、培养。

　　葡萄糖、抗坏血酸、硫酸亚铁（$FeSO_4$）、EDTA－2Na、硫酸、盐酸、氯仿、氢氧化钠、正丁醇、三氟乙酸、氯化亚铁（$FeCl_2$）、三氯化铁（$FeCl_3$）、磷酸氢二钠、磷酸二氢钠、邻苯三酚、氯化钠和无水乙醇［生工生物工程（上海）股份有限公司］；1，1-二苯基-2-苦基肼（1-diphenyl-2-picryl-hydrazyl，DPPH）、2，2′-连氮-二（3-乙基苯并噻唑啉-6-磺酸）

［2，2′-azino-bis（3-ethylbenzthiazoline-6-sulfonic acid），ABTS］、过硫酸钾和菲咯嗪（Sigma 公司）。以上试剂均为分析纯。

4.1.2 主要实验设备

实验所用主要设备见表 4.1 所示。

表 4.1 实验设备

实验设备	厂家
Nicolet is50 傅立叶变换红外光谱仪	赛默飞世尔科技（中国）有限公司
HC-2518R 高速冷冻离心机	安徽中科中佳科学仪器有限公司
TU-1810DAPC 紫外可见分光光度计	北京普析通用仪器有限公司
RF-02 旋转蒸发仪	上海普渡生化科技有限公司
SCIENTZ-18ND 冷冻干燥器	宁波新芝冻干设备股份有限公司
Synergy H1 全功能酶标仪	美国 BioTek Instruments 股份有限公司
TB-214 电子分析天平	北京赛多利斯食品系统有限公司
HH-2 电热恒温水浴锅	常州国华电器有限公司

4.2 实验方法

4.2.1 对 DPPH 自由基的清除作用

参照冯学珍等（2013）的方法，本实验方法略做修改。分别取 500 μL 不同质量浓度（0.2 mg/mL、0.4 mg/mL、0.6 mg/mL、0.8 mg/mL、1.0 mg/mL）的绿球藻多糖水溶液，加入 500 μL 浓度为 0.04 mg/mL 的 DPPH 溶液，混匀后室温避光反应 30 min，在波长 517 nm 处测定吸光度 A 值。对照组用 500 μL 无水乙醇溶液代替 DPPH 溶液，空白组用 500 μL 去离子水代替多糖溶液，不同浓度的维生素 C 替代多糖样品作为阳性对照。每个样品重复 3 次。以公式 (4.1) 计算绿球藻多糖的 DPPH 自由基清除率：

$$清除率 = \left(1 - \frac{A_0 - A_a}{A_b} \right) \times 100\%, \qquad (4.1)$$

式中，A_0——样品的吸光值；

　　　A_a——对照吸光值；

　　　A_b——空白吸光值。

4.2.2　对羟基自由基的清除作用

参照程超等 (2005) 的方法，本实验方法略做修改。取 1 mL 不同质量浓度的绿球藻多糖溶液 (0.2 mg/mL、0.4 mg/mL、0.6 mg/mL、0.8 mg/mL、1.0 mg/mL) 于试管中，向各试管中加入 2 mL 硫酸亚铁 (FeSO$_4$) 溶液 (3 mmol/L) 和 1.5 mL 水杨酸溶液 (1.8 mmol/L)。混匀后，加入 0.03% 过氧化氢 (双氧水) 0.1 mL 启动反应，混匀。37℃水浴 30 min，在波长 510 nm 下测定吸光度 A 值。以去离子水代替多糖溶液做空白，不同浓度的维生素 C 替代多糖样品作为阳性对照。每个样品重复 3 次。以公式 (4.2) 计算绿球藻多糖的羟基自由基清除率：

$$清除率 = \frac{A_0 - A_a}{A_0} \times 100\%, \qquad (4.2)$$

式中，A_0——空白吸光值；

　　　A_a——样品的吸光值。

4.2.3　对超氧阴离子自由基的清除作用

参照陈玫等 (2006) 和韩少华等 (2009) 的方法，本实验方法略做修改。向各试管中加入 900 μL 磷酸盐缓冲液 (50 mmol/L，pH 值为 8.2)，25℃水浴 20 min，向各试管中加入 200 μL 不同质量浓度的多糖溶液 (0.2 mg/mL、0.4 mg/mL、0.6 mg/mL、0.8 mg/mL、1.0 mg/mL)。其中空白以去离子水代替多糖溶液，然后加入 25 mmol/L 的邻苯三酚溶液

80 μL，混匀后于 25℃水浴中反应 5 min，加入 80 mmol/L HCl 200 μL 终止反应，并摇匀，反应 3 min，5 000 r/min 离心。酶标仪在波长 420 nm 处测定吸光值。以去离子水代替多糖溶液作为空白，对照用磷酸盐缓冲液代替样品液。不同浓度的维生素 C 替代多糖样品作为阳性对照。每个样品重复 3 次。以公式（4.3）计算绿球藻多糖的超氧阴离子自由基清除率：

$$清除率 = \left(1 - \frac{A_0 - A_a}{A_b}\right) \times 100\%, \tag{4.3}$$

式中，A_0——样品的吸光值；

　　　A_a——对照吸光值；

　　　A_b——空白吸光值。

4.2.4　ABTS 自由基清除能力测定

参照 Jin 等（2012）的方法，将 ABTS（7 mmol/L，5 mL）和过硫酸钾溶液（140 mmol/L，88 μL）混合，室温避光反应 12~16 h，制备 ABTS 自由基储备液。使用磷酸盐缓冲液（10 mmol/L，pH 值为 7.4）将储备液稀释至其在 734 nm 波长处吸光值为（0.70±0.02），备用。取不同浓度多糖溶液各 1 mL，加 3 mL ABTS 自由基溶液，于暗处反应 1 h，记录其在 734 nm 波长处的吸光度。以 1 mL 纯水代替样品作为空白，相同操作。每个样品重复 3 次。以公式（4.4）计算绿球藻多糖的 ABTS 自由基清除率：

$$清除率 = \frac{A_0 - A_x}{A_0} \times 100\%, \tag{4.4}$$

式中，A_x——样品的吸光值；

　　　A_0——空白的吸光值。

4.2.5　金属铁离子螯合能力测定

参照袁清霞（2016）的方法，本实验方法略做修改。取 1 mL 上述抗氧化溶液（CCP 和 CPP），加入 0.05 mL 氯化亚铁溶液（2.0 mmol/L）、2 mL

菲咯嗪溶液（5.0 mmol/L）及 2.74 mL 超纯水，漩涡混合 30 s 后置于室温下 10 min，在 562 nm 波长处测定溶液的吸光度 A 值。以 EDTA-2Na 为阳性对照，多糖的金属离子螯合率按公式（4.5）计算：

$$螯合率 = \left(1 - \frac{A_a - A_b}{A_0}\right) \times 100\%, \tag{4.5}$$

式中，A_0——用超纯水代替多糖后反应体系溶液的吸光度；

　　　　A_a——待测样品溶液的吸光度；

　　　　A_b——用超纯水代替氯化亚铁后的样品体系溶液的吸光度。

4.2.6　还原能力的测定

参照李粉玲等（2014）的方法，准确量取 1.0 mL 不同质量浓度的多糖样品（0.2 mg/mL、0.4 mg/mL、0.6 mg/mL、0.8 mg/mL、1.0 mg/mL）。样品液移至 10 mL 具塞试管中，加入 1.0 mL 磷酸钠缓冲溶液（1.0 moL/L，pH 值为 6.6）和 2.5 mL $K_3[Fe(CN)_6]$（1%），50℃恒温水浴 20 min，取出冷却后加入 2.0 mL、10% 三氯乙酸溶液，混匀，5 000 r/min 离心 5 min，取 2.5 mL 上清液，加 2.5 mL 蒸馏水和 0.5 mL、1% $FeCl_3$ 溶液，混匀。以蒸馏水为空白，于波长 700 nm 处测定其吸光值，以维生素 C 作为对照（周立 等，2014）。每个样品重复 3 次。多糖的还原能力按公式（4.6）计算：

$$还原能力(A_{700\,nm}) = A_a - A_b, \tag{4.6}$$

式中，A_a——绿球藻多糖样品溶液的吸光度；

　　　　A_b——用超纯水代替氯化铁后的样品体系溶液的吸光度。

4.3　结果与讨论

4.3.1　绿球藻多糖对 DPPH 自由基的清除能力

DPPH 自由基是一种稳定的质子自由基，在 517 nm 波长处存在最大吸收峰，其乙醇溶液呈紫色，当遇到能给出质子的物质时，紫色会显著褪去（Yamaguchi et al.，1998）。该测定方法对低浓度被测物有更高的敏感性及获得结果较快的优点，因而广泛用于评价各类天然产物的自由基清除能力（Wang et al.，2015）。图 4.1 所示为绿球藻多糖对 DPPH 自由基的清除能力。从图 4.1 可以看出，随着浓度的增加，绿球藻多糖对 DPPH 自由基的清除率逐渐增强。相比粗多糖，纯化后的绿球藻纯多糖 CPP-Ⅳ 对 DPPH 自由基的清除率明显更高。当 CCP 和 CPP-Ⅳ 的浓度达到 0.6 mg/mL时，DPPH 自由基清除率基本稳定，超过 90%。当 CPP-Ⅳ 的浓度达到1.0 mg/mL 时，DPPH 自由基清除率达到96.13%，与阳性对照维生素 C 基本相同。此前，有报道其他藻类多糖也具有较好的自由基清除能力，如紫球藻（*Porphyridium cruentum*）在多糖浓度为 0.5 mg/mL 时清除率趋于稳定，达到84%。娄翠 等（2011）的研究显示，海带（*Laminaria japonica*）在岩藻多糖 PFS-2 浓度为 1 mg/mL 时，清除率接近 55%。相比之下，绿球藻多糖 CPP-Ⅳ 具有更好的 DPPH 自由基清除能力。

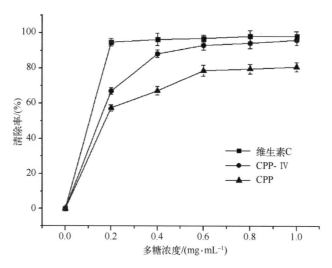

图 4.1　绿球藻多糖的 DPPH 自由基清除率（Mean±SD，*n*=3，下同）

4.3.2　绿球藻多糖对羟基自由基的清除能力

羟基自由基是活性氧的一种，被认为是最活跃的自由基，它能与机体内几乎所有的生物大分子反应，诱发机体严重的损伤（Rollet-Labelle et al.，1998），并且对细胞内的 DNA、细胞器和细胞膜也具有损伤作用。由图 4.2可知，随着浓度的增加，绿球藻多糖对羟基自由基的清除率逐渐增强。纯化后的绿球藻多糖 CPP-Ⅳ对羟基自由基的清除率略高。当 CPP-Ⅳ的浓度达到 0.6 mg/mL 时，羟基自由基清除率基本稳定，超过70%。当 CPP-Ⅳ的浓度为 1.0 mg/mL 时，羟基自由基的清除率为 70.6%，虽然效果不及维生素 C（88.22%），但与一些其他藻类相比，效果明显更好。研究显示，地皮菜（*Nostoc commune*）多糖 CCB 和 CB-2-1 组分在浓度为 1 mg/mL 时，羟基自由基清除率分别为 35.2% 和 49.5%%（黄依佳 等，2018）。羟基自由基的清除能力与多糖的羟基数量及氨基基团有关（Guo et al.，2005），推测纯化后多糖含较多活性羟基，表现出较粗多糖组分更强的清除活性。

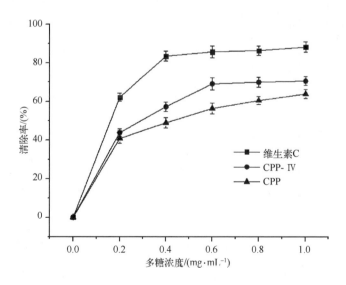

图 4.2　绿球藻多糖的羟基自由基清除率

4.3.3 　 绿球藻多糖对超氧阴离子的清除能力

　　尽管超氧阴离子自由基是较弱的自由基，但它可以和其他分子反应生成活性较强的自由基（如单线态氧和羟基自由基等），并引起氧化损伤及其他疾病。超氧阴离子自由基形成于线粒体电子传递系统，能够诱导羟基自由基和脂质氧化产生损伤机体的酶、蛋白质及 DNA 等生物分子。从图 4.3 可以看出，随着浓度的增加，绿球藻多糖对超氧阴离子的清除率逐渐增强。CCP 与纯化后的绿球藻多糖 CPP-IV 对超氧阴离子的清除率基本相同。当 CCP 和 CPP-IV 的浓度达到 1.0 mg/mL 时，超氧阴离子清除率分别达到 52.46% 和 43.72%。虽然明显不及维生素 C 的清除能力（96.13%），但仍然表明绿球藻多糖具有一定的抗氧化作用。多糖清除超氧阴离子自由基的能力可能与其 O-H 键的解离能有关，越多的吸电子基团（如羧基、醛基）连接于多糖上，O-H 键的解离能越弱，清除超氧阴离子的能力越强（Lin et al.，2009；Jin et al.，2012）。

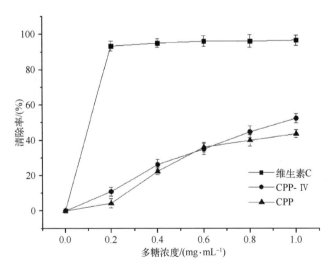

图 4.3 　 绿球藻多糖的超氧阴离子清除率

4.3.4　ABTS 自由基清除能力

ABTS 氧化后可产生稳定的蓝绿色 ABTS 自由基，其在 734 nm 波长处有特征吸收，当抗氧化物质与 ABTS 自由基反应后，蓝绿色褪去，吸光值下降，褪色程度越大，物质抗氧化能力越强（Luo et al.，2010）。从图 4.4 可以看出，随着浓度的增加，绿球藻多糖对 ABTS 自由基的清除率逐渐增强。纯化后的绿球藻多糖 CPP-Ⅳ 效果略优于粗多糖。当 CPP-Ⅳ 的浓度达到 1.0 mg/mL 时，ABTS 自由基清除率可达 27.07%。虽然明显不及维生素 C 的清除能力（约 90%），但仍然表明绿球藻多糖具有一定的抗氧化作用。有文献报道，泡叶藻（*Ascophyllum nodosum*）和铜藻（*Sargassum horneri*）多糖在相同浓度下，ABTS 清除率分别可达 40% 和 90%（虞娟 等，2016；邵平 等，2014）。据报道，样品对 ABTS 自由基的清除能力及对 DPPH 自由基的清除能力具有一致性（Floegel et al.，2011；Thaipong et al.，2006）。本实验中，样品对 ABTS 自由基的清除能力小于 DPPH 自由基，原因可能是清除 DPPH 自由基的测定更适合评价亲脂性抗氧化剂，而 ABTS 自由基的测定更适合评价亲水性抗氧化剂。

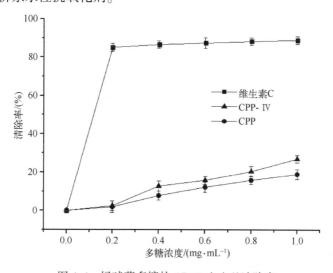

图 4.4　绿球藻多糖的 ABTS 自由基清除率

4.3.5 金属铁离子螯合作用

人体内的铁离子关乎呼吸作用、一系列酶活、氧的运输及氧化还原反应等（Pelaez et al., 2001；Silkworth et al., 1981），因而至关重要。因此本研究探讨绿球藻多糖对其的螯合作用。图4.5表示绿球藻多糖对金属铁离子的螯合效果，其螯合力随浓度增加而增强。当浓度为1.0 mg/mL时，EDTA-2Na、CPP-Ⅳ及CCP对金属铁离子的螯合率分别为（93.8±1.9)%、(82.9±2.2)%及（61.16±2.1)%；当将螯合剂在螯合50%的亚铁离子时，对应的浓度作为半螯合浓度$CC_{50\%}$，则CPP-Ⅳ与CCP的$CC_{50\%}$分别为0.28 mg/mL和0.71 mg/mL，可见绿球藻多糖对金属铁离子具有较强的螯合作用。多糖的螯合作用被认为与其含有-OH、-SH、-S-、-O-、-COOH及C=O等功能基团有关（Commins et al., 2010；Shuai et al., 2010）。活性金属离子能够促使脂质过氧化而引起连锁反应，导致食品风味与口味的恶化；而在食品系统中，亚铁离子是最有效的促氧化剂

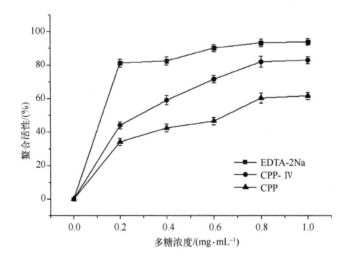

图4.5 绿球藻多糖对金属铁离子的螯合活性

（Yen et al., 2008），绿球藻多糖对亚铁离子的螯合作用对于食品抗氧化具有重要的作用。

4.3.6　还原力测定

从图 4.6 可以看出，随着浓度的增加，绿球藻多糖的还原力逐渐增强。纯化后的绿球藻多糖 CPP-Ⅳ 效果优于粗多糖。当 CPP-Ⅳ 的浓度达到 1.0 mg/mL 时，$OD_{700\,nm}$ 为 0.404，虽然明显不及维生素 C 的还原力（1.223，吸光度越大表示还原能力越强），但仍然表明绿球藻多糖具有一定的抗氧化作用。据有关文献报道（刘姝霖，2018；孙玉姣 等，2018；Que et al., 2006；Wu et al., 2015），在相同多糖浓度下，铜藻多糖（Tong-zao Polysaccharide，TZP）中提取的组分 $OD_{700\,nm}$ 为 0.8，月见草叶中提取的多糖 $OD_{700\,nm}$ 为 0.6，枸杞多糖组分 LBP2 的 $OD_{700\,nm}$ 为 0.521，米酒多糖 $OD_{700\,nm}$ 为 0.494，紫薯多糖 $OD_{700\,nm}$ 为 0.49。相比其他植物源多糖，绿球藻多糖也具有一定的还原力。

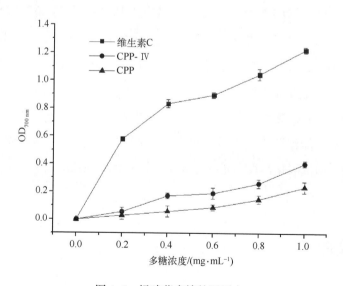

图 4.6　绿球藻多糖的还原力

4.4　小结

天然活性多糖在食品保鲜中的作用与其抗氧化活性关系密切，考察评价抗氧化活性效果决定着天然活性物质作为天然食品保鲜剂的可能性。本章采用活性氧自由基体系考察了不同浓度的绿球藻粗多糖及其纯化多糖（CPP Ⅳ）的抗氧化活性，包括清除 DPPH 自由基、羟基自由基（-OH）、超氧阴离子自由基（O_2^-）、ABTS 自由基的能力，螯合金属铁离子的活性及还原力强弱，综合评价绿球藻粗多糖及其纯化多糖的抗氧化活性，结果表明：

（1）绿球藻粗多糖及其纯化多糖（CPP-Ⅳ）都具有较强的清除 DPPH 自由基、羟基自由基、超氧阴离子自由基、螯合金属铁离子的能力；具有一定的清除 ABTS 自由基的能力和还原力。

（2）CPP-Ⅳ对 DPPH 自由基、羟基自由基（-OH）、超氧阴离子自由基（O_2^-）3 种自由基半数抑制浓度 $IC_{50\%}$ 分别为 0.19 mg/mL、0.32 mg/mL 及 0.97 mg/mL，对铁离子半数螯合浓度 $CC_{50\%}$ 为 0.28 mg/mL；CPP-Ⅳ的抗氧化能力活性显著高于 CCP（$P \leqslant 0.05$），但其自由基清除活性显著低于维生素 C，对金属亚铁离子螯合率也低于 EDTA-2Na。研究结果表明，绿球藻多糖不仅能清除自由基，还能螯合促脂质氧化因子——亚铁离子，因此具有很好的抗氧化活性，是绿球藻主要抗氧化活性成分之一。

参考文献

陈玫, 张海德, 陈敏, 等, 2006. 几种中药不同溶剂组分的抗氧化活性研究 [J]. 中山大学学报（自然科学版）, 45 (6)：131-133.

陈霞霞, 杨文鸽, 吕梁玉, 等, 2016. 羟自由基氧化体系对银鲳肌原纤维蛋白生化特性及其构象单元的影响 [J]. 食品科学, 37 (23)：123-128.

程超, 李伟, 汪兴平, 2005. 平菇水溶性多糖结构表征与体外抗氧化作用 [J]. 食品科学, 26 (8)：55-57.

冯学珍, 伍善广, 孔靖, 等, 2013. 超声辅助提取石莼多糖工艺优化及其清除 DPPH 自由基活性研究 [J]. 中药材, 36 (11)：1870-1872.

韩少华, 朱靖博, 王妍妍, 2009. 邻苯三酚自氧化法测定抗氧化活性的方法研究 [J]. 中国酿造, 28 (6)：155-157.

黄依佳, 吴剑荣, 朱莉, 等, 2018. 蓝藻多糖的分离、结构表征及抗氧化活性研究 [J]. 食品与机械, 34 (2)：176-180.

李粉玲, 蔡汉权, 林泽平, 2014. 红豆多糖抗氧化性及还原能力的研究 [J]. 食品工业, 35 (2)：190-194.

刘姝霖, 2018. 月见草叶多糖的超声波辅助提取纯化及其抗氧化活性研究 [D]. 长春：吉林大学.

娄翠, 汤顺清, 2011. 海带岩藻多糖 PFS-2 抗氧化活性的研究 [J]. 安徽农业科学, 39 (10)：5674-5676.

邵平, 刘佳, 王欧丽, 等, 2014. 铜藻多糖微波辅提工艺优化及其抗氧化活性研究 [J]. 核农学报, 28 (6)：1062-1069.

孙玉姣, 侯淑婷, 鱼喆喆, 等, 2018. 宁夏红果枸杞多糖提取及其体外抗氧化活性研究 [J]. 陕西科技大学学报, 36 (5)：39-45.

虞娟, 林航, 高炎, 等, 2016. 泡叶藻多糖的提取及其抗氧化活性研究 [J]. 广东化工, 43 (14)：18-20.

袁清霞, 2016. 桑叶多糖分离纯化、结构分析及生物活性研究 [D]. 南京：南京农业大学.

周立, 刘裕红, 贾俊, 2014. 复合酶法提取金银花多糖及其抗氧化性 [J]. 山东农业大学学报 (自然科学版), 45 (5)：646-650.

COMMINS S P, BORISH L, STEINKE J W, 2010. Immunologic messenger molecules：Cytokines, interferons, and chemokines [J]. Journal of Allergy and Clinical Immunology, 125 (2)：S53-S72.

FLOEGEL A, KIM D O, CHUNG S J, et al., 2011. Comparison of ABTS/DPPH assays to measure antioxidant capacity in popular antioxidant-rich US foods [J]. Journal of Food Composition and Analysis, 24 (7): 1043-1048.

GRICE H C, 1988. Safety evaluation of butylated hydroxyanisole from the perspective of effects on forestomach and oesophageal squamous epithelium [J]. Food & Chemical Toxicology, 26 (8): 717-723.

GUO Z Y, XING R, LIU S, et al., 2005. The synthesis and antioxidant activity of the Schiff bases of chitosan and carboxymethyl chitosan [J]. Bioorganic & Medicinal Chemistry Letters, 15 (20): 4600-4603.

JIN L, GUAN X, LIU W, et al., 2012. Characterization and antioxidant activity of a polysaccharide extracted from *Sarcandra glabra* [J]. Carbohydrate Polymers, 90 (1): 524-532.

KNIGHT J, 1995. Diseases related to oxygen derived free radicals [J]. Annals of Clinical and Laboratory Science, 25 (2): 111-121.

LIN C L, WANG C C, CHANG S C, et al., 2009. Antioxidative activity of polysaccharide fractions isolated from *Lycium barbarum* Linnaeus [J]. International Journal of Biological Macromolecules, 45 (2): 0-151.

LIU J, LUO J, YE H, et al., 2010. In vitro and in vivo antioxidant activity of exopolysaccharides from endophytic bacterium *Paenibacillus polymyxa* EJS-3 [J]. Carbohydrate Polymers, 82 (4): 1278-1283.

LUO A X, HE X J, ZHOU S D, et al., 2010. Purification, composition analysis and antioxidant activity of the polysaccharides from *Dendrobium nobile* Lindl [J]. Carbohydrate Polymers, 79 (4): 1014-1019.

PELAEZ B, CAMPILLO J A, LOPEZ-ASENJO J A, et al., 2001. Cyclophosphamide Induces the development of early myeloid cells suppressing tumor cell growth by a nitric oxide-dependent mechanism [J]. Journal of Immunology, 166 (11): 6608-6615.

QUE F, MAO L C, PAN X, 2006. Antioxidant activities of five Chinese rice wines and the involvement of phenolic compounds [J]. Food Research International, 39 (5): 581-587.

REN C J, ZHANG Y, CUI W Z, et al., 2015. A polysaccharide extract of mulberry leaf ameliorates hepatic glucose metabolism and insulin signaling in rats with type 2 diabetes induced by high fat‐diet and streptozotocin [J]. International Journal of Biological Macromolecules, 72: 951-959.

ROLLET‐LABELLE E, GRANGE M J, ELBIM C, et al., 1998. Hydroxyl radical as a potential intracellular mediator of polymorphonuclear neutrophil apoptosis [J]. Free Radical Biology and Medicine, 24 (4): 563-572.

SAMAVATI V, YARMAND M S, 2013. Statistical modeling of process parameters for the recovery of polysaccharide from *Morus alba* leaf [J]. Carbohydrate Polymers, 98 (1): 793-806.

SEIFRIED H E, ANDERSON D E, FISHER E I, et al., 2007. A review of the interaction among dietary antioxidants and reactive oxygen species [J]. Journal of Nutritional Biochemistry, 18 (9): 567-579.

SHUAI X H, HU T J, LIU H L, et al., 2010. Immunomodulatory effect of a sophora subprosrate polysaccharide in mice [J]. International Journal of Biological Macromolecules, 46 (1): 79-84.

SILKWORTH J B, LOOSE L D, 1981. Assessment of environmental contaminant‐induced lymphocyte dysfunction [J]. Environmental Health Perspectives, 39: 105-128.

SUN L Q, WANG L, LI J, et al., 2014. Characterization and antioxidant activities of degraded polysaccharides from two marine Chrysophyta [J]. Food Chemistry, 160: 1-7.

THAIPONG K, BOONPRAKOB U, CROSBY K, et al., 2006. Comparison of ABTS, DPPH, FRAP, and ORAC assays for estimating antioxidant activity from guava fruit extracts [J]. Journal of Food Composition and Analysis, 19 (6-7): 669-675.

WANG J, ZHAO Y M, LI W, et al., 2015. Optimization of polysaccharides extraction from *Tricholoma mongolicum* Imai and their antioxidant and antiproliferative activities [J]. Carbohydrate Polymers, 131: 322-330.

WU Q Y, QU H S, JIA J Q, et al., 2015. Characterization, antioxidant and antitumor activities of polysaccharides from purple sweet potato [J]. Carbohydrate Polymers, 132: 31-40.

XU S Y, HUANG X S, CHEONG K L, 2017. Recent advances in marine algae polysaccharides: isolation, structure, and activities [J]. Marine Drugs, 15 (12): 388.

XUE M, SUN H Y, CAO Y, et al., 2015. Mulberry leaf polysaccharides modulate murine bone-marrow-derived dendritic cell maturation [J]. Human Vaccines Immunotherapeutics, 11 (4): 946-950.

YAMAGUCHI T, TAKAMURA H, MATOBA T, et al., 1998. HPLC method for evaluation of the free radical-scavenging activity of foods by using 1, 1-Diphenyl-2-picrylhydrazyl [J]. Bioscience Biotechnology and Biochemistry, 62 (6): 1201-1204.

YEN M T, YANG J H, MAU J L, 2008. Antioxidant properties of chitosan from crab shells [J]. Carbohydrate Polymers, 74 (4): 840-844.

ZENG W C, ZHANG Z, JIA L R, 2014. Antioxidant activity and characterization of antioxidant polysaccharides from pine needle (*Cedrus deodara*) [J]. Carbohydrate Polymers, 108: 58-64.

ZHANG Y, REN C J, LU G B, et al., 2014. Anti-diabetic effect of mulberry leaf polysaccharide by inhibiting pancreatic islet cell apoptosis and ameliorating insulin secretory capacity in diabetic rats [J]. International Immunopharmacology, 22 (1): 248-257.

第 5 章　绿球藻多糖抑菌活性研究

引起食品腐败变质的因素有很多，有害微生物的污染是主要的因素之一，包括细菌、霉菌和酵母菌。微生物及其毒素引起的食品腐败变质，可使食品营养损失，而且还可以导致食物中毒，危害人体健康（Siripatrawan et al.，2012）。为了防止食品的腐败变质，在食品工业的实际生产过程中，一般采用杀菌、冷藏、密封包装等技术，或者在食品中添加适量的防腐剂来延长食品的保质期（罗家刚，2002）。

在食品加工领域，多用化学防腐剂和化学抗氧化剂来控制有害微生物的生长和脂质的氧化，从而进行食品的防腐保鲜，延长货架期，但这些化学药剂本身对人体健康会有一定的副作用，易引发癌症、畸形以及食物中毒等危害。目前，化学防腐剂的不恰当使用已经成为危害食品安全的重要因素之一。与其相比，植物源防腐剂具有安全、无毒的特点，因此受到人们的普遍青睐。藻类植物是一类可进行光合作用、能够自养的低等生物。藻类多变的生活环境和原始的进化地位，使它们拥有许多结构独特的抑菌活性物质，如藻蓝蛋白、岩藻多糖、酚类、酯类、类胡萝卜素、卤化物及含硫化合物等。自 20 世纪 40 年代开始，随着对藻类植物的抗菌活性成分不断研究，人们逐步认识到藻类是一类具有抑菌潜力的宝贵天然生物资源。一些研究者将藻类中的天然抗菌成分提取出来，应用于医药抗菌消炎、化妆洗浴用品及食品防腐保鲜等（徐年军 等，2000；王芹 等，2010；韩晓静 等，2010；张国顺，1997；郭金英 等，2015；郭奇 等，2010；尹鸿萍 等，2006；Bansemir et al.，2006）。这些藻类天然抗菌成分不仅可以较好地起到抗菌功效，同时还能减少对人类健康及环境的危害，因此更好地迎合了消费者对绿色、安全的需求。

近年来,一些对于藻类植物多糖抑菌效果的研究表明,植物多糖对多种细菌都有抑制作用,其中就包括金黄色葡萄球菌(*Staphylococcus aureus*)、大肠杆菌(*Escherichia coli*)、枯草芽孢杆菌(*Bacillus subtilis*)、变形杆菌(*Proteus vulgaris*)等。藻多糖的抑菌作用随多糖浓度增大而增强。尽管国内外已有文献对一些藻类多糖的抗氧化性能进行了报道,但大多都是关注于抗衰老等医药保健领域,而对抗菌活性研究只有零星报道,且缺乏系统性。迄今为止,基于食品防腐保鲜中抑菌活性方面的研究几乎未见报道。因此,开发高效、无毒、有抑菌活性的天然抗菌药物和食品防腐剂已成为医药产品和食品添加剂领域的研究热点之一,具有重要的科学意义和应用前景。

本章研究在前期从绿球藻中提取分离、纯化绿球藻粗多糖(CCP)以及进一步分离纯化出绿球藻纯多糖 4 个组分(CPP-Ⅰ、CPP-Ⅱ、CPP-Ⅲ和 CPP-Ⅳ)的基础上,选取食品中常见的食源性致病菌:金黄色葡萄球菌、大肠杆菌、枯草芽孢杆菌、变形杆菌、产气杆菌(*Aerobacter aerogenes*)、黑曲霉(*Aspergillus niger*)、黄曲霉(*Aspergillus flavus*)和白色念珠菌(*Candida albicans*)进行研究。研究采用牛肉膏蛋白胨培养基测试绿球藻粗多糖及其分级纯化组分 CPP-Ⅳ对以上 8 种菌株的体外抑菌活性,并且测定了最小抑菌浓度。根据细菌细胞结构特性,细胞膜是大多数抗生素作用的靶点,因此,研究绿球藻多糖对细菌细胞膜的作用就变得至关重要。我们考察了相对分子量为 8 090.31 Da 的绿球藻纯多糖对金黄色葡萄球菌的抑制作用;通过进行细菌生长曲线测定实验测定绿球藻多糖作用后菌液中 $OD_{260\,nm}$ 的变化,考察了绿球藻多糖对细菌细胞膜完整性的影响,同时对溶氧性做了初步探讨。本部分内容将为绿球藻多糖作为天然食品抑菌剂或防腐剂在食品工业中的开发和应用提供科学依据。

5.1　实验材料和设备

5.1.1　实验材料

绿球藻粗多糖及其分离纯化多糖组分 CPP-Ⅰ、CPP-Ⅱ、CPP-Ⅲ 和 CPP-Ⅳ（制备方法参照第 2 章）；细菌：金黄色葡萄球菌、大肠杆菌、枯草芽孢杆菌、变形杆菌、产气杆菌；真菌：黑曲霉、黄曲霉、白色念珠菌。以上菌种均由山西大学生命科学学院藻类资源利用实验室提供。

5.1.2　药品与试剂

本章研究所需主要药品与试剂详见表 5.1。

表 5.1　主要药品与试剂

药品与试剂名称	规格	生产商
氯化钠	分析纯	生工生物工程（上海）股份有限公司
氢氧化钠	分析纯	生工生物工程（上海）股份有限公司
马铃薯葡萄糖培养基	PDA	青岛高科园海博生物技术有限公司
盐酸	分析纯	生工生物工程（上海）股份有限公司
牛肉膏	生化纯	北京奥博星生物技术有限责任公司
蛋白胨	生化纯	北京奥博星生物技术有限责任公司
琼脂	生化纯	北京奥博星生物技术有限责任公司
葡萄糖	分析纯、生化纯	天津市大茂化学试剂厂

5.1.3　主要实验设备

本章研究所用主要仪器设备详见表 5.2。

表 5.2　主要仪器设备

仪器名称	型号	生产商
超纯水器	NW2-15UV	香港力康生物医疗科技控股有限公司
电子分析天平	TB-214	北京赛多利斯食品系统有限公司
电热恒温培养箱	DH4000Ⅱ	天津市泰斯特仪器有限公司
高压灭菌器	YXQ-LS-50SII	上海博迅实业有限公司医疗设备厂
超低温冰箱	DW-HL398S	合肥长虹美菱股份有限公司
超净工作台	VS-1300L-U	苏州安泰空气技术有限公司

5.2　实验方法

5.2.1　培养基的制作和绿球藻多糖样品溶液的配制

（1）细菌培养基（牛肉膏蛋白胨培养基）的制作：取牛肉膏 5 g，蛋白胨 10 g，氯化钠 5 g，琼脂 15~20 g，蒸馏水 1 000 mL，用 1.0 mol/L 的 NaOH 调整 pH 值为 7.2~7.4，分装到 250 mL 三角瓶中，每瓶 100 mL，121℃下灭菌 21 min 备用。

（2）真菌培养基（马铃薯葡萄糖琼脂培养基，PDA）的制作：取马铃薯 200 g，葡萄糖 10 g，琼脂 15~20 g，蒸馏水 1 000 mL，pH 自然，分装到 250 mL 三角瓶中，每瓶 100 mL，121℃下灭菌 20 min 备用。

（3）0.9% 生理盐水的配制：准确称取 9 g NaCl 充分溶解于 900 mL 超纯水中，定容至 1 L 后，经高压灭菌（121℃，21 min），于 4℃ 冰箱中保存备用。

5.2.2　绿球藻多糖样品溶液的配制

绿球藻粗多糖经除蛋白、柱纯化，得到纯化后的绿球藻纯多糖（CPP）。

分别称取一定量的 CCP 和 CPP，用 0.9% 的生理盐水准确配制成浓度为 30 mg/mL 的抑菌液，经孔径为 0.22 μm 微孔滤膜过滤除菌后，在 4℃保存备用，用于体外抑菌活性分析研究。

5.2.3　供试菌株的活化及菌悬液的制备

（1）菌种活化：将金黄色葡萄球菌、大肠杆菌、枯草芽孢杆菌、变形杆菌、产气杆菌、黑曲霉、黄曲霉、白色念珠菌菌种接入已经备好的斜面试管中（15 mm×150 mm）活化，220 r/min 摇床培养，细菌 37℃下培养 24 h，真菌 28℃下培养 48 h。

（2）菌悬液的配制：在无菌条件下，勾一环单菌落于 20 mL 新配制的相应培养基中进行培养（细菌 37℃下 24 h，真菌 28℃下 48 h），制成菌悬原液。采用 10 倍稀释法将菌悬原液稀释至 $10^{-1} \sim 10^{-8}$ 倍的菌悬液，选取合适浓度的菌悬液涂平板。通过平板菌落计数法确定菌悬液浓度，并配制浓度 $1×10^{6}$ CFU/mL 的菌悬液备用。

5.2.4　绿球藻多糖抑菌活性测定

采用琼脂孔注入法（Zhu et al., 2011）。取 20 mL 灭菌的培养基倒入培养皿制成平板，冷却 10 min，吸取 100 μL 菌悬液均匀涂布于平板表面，静置 10 min。用直径为 6 mm 的打孔器在平板表面打孔，每板 3 个孔（1 个对照，1 个为抑菌液 CCP，1 个为抑菌液 CPP），分别加入 100 μL 无菌水（对照）和两种浓度为 30 mg/mL 的绿球藻多糖抑菌液。将平板置于恒温培养箱培养。细菌在 37℃培养 24 h 后，采用十字交叉法测定抑菌圈直径。抑菌圈直径取平均值，每组重复 3 次。

真菌抑菌活性测定采用生长速率法。取 15 mL 已灭菌的 45℃培养基（PDA）倒入无菌培养皿制成平板。待冷凝后，加入 1 mL 菌悬液于平板表面并涂布均匀，在 28℃下培养 48 h 制成带菌平板；同时另取 15 mL 已灭菌的培养基与 1 mL 抑菌液混匀后倒入平板，制成带毒平板。用无菌打孔器在带菌平板上打孔，制成直径为 6 mm 的菌饼，将菌饼的带菌面贴于带毒平板表面，每个平板贴 3 个，处理好的平板放入培养箱 28℃培养 48 h 后测量抑菌圈直径，抑菌率按公式（5.1）计算：

$$IMR = \frac{D_a - D_b}{D_a - 5} \times 100\%, \tag{5.1}$$

式中，IMR——抑菌率（%）；

D_a——对照菌落直径（mm）；

D_b——处理菌落直径（mm）。

5.2.5 绿球藻多糖抑菌液最小抑菌浓度（MIC）的测定

按照二倍稀释法，将绿球藻多糖溶液稀释为 20 mg/mL、10 mg/mL、5 mg/mL、2.5 mg/mL、1.25 mg/mL、0.625 mg/mL、0.313 mg/mL、0.156 mg/mL、0.078 mg/mL、0.039 mg/mL 的浓度梯度，每个浓度梯度取 1 mL 多糖，8 种菌悬液分别取 0.1 mL，然后倒入温度为 60℃左右的相应固体培养基，充分混匀。待冷却凝固后，倒置于恒温培养箱中，细菌平板 37℃下培养 24 h，真菌平板在 28℃培养 48 h，以不添加抑菌液作为空白对照。观察并记录菌落生长情况，以不长菌的最低浓度为最小抑菌浓度。

5.2.6 菌体生长曲线的测定

细菌生长曲线的测定：取活化后的金黄色葡萄球菌菌种按 1%（V/V）接种量分别接种于 9 个含 30 mg/mL CCP 或 CPP 的液体培养基中（李俊霖等，2014）。在 37℃下培养，分别在 0 h、3 h、6 h、9 h、12 h、15 h、18 h、21 h、24 h 取样，在波长 600 nm 处测定菌液吸光度，绘制生长曲线。以无菌蒸馏水代替 CCP 或 CPP 的抑菌液作为对照组。

真菌生长曲线的测定（付红军，2017）：取 5 mL 菌悬液接种到 195 mL 的 PDA 液体基中，然后加入抑菌液，使 CCP 或 CPP 的终浓度为 30 mg/mL。在 28℃下振荡培养，分别在 0 h、8 h、16 h、24 h、32 h、40 h、48 h、

56 h、64 h 取样，菌液经真空抽滤，收集菌丝并真空干燥，称重。

5.2.7　细胞膜通透性实验

测定菌体细胞外的 $OD_{260\,nm}$ 可以检测细菌细胞膜的完整性。当细胞膜受到破坏时，细胞膜的通透性会增强，在菌体外可以检测出 $OD_{260\,nm}$ 值（Politoff et al.，1969；Devi et al.，2010；冯小强 等，2009）。这是因为如果细菌的细胞膜一旦受到损坏，胞内的物质，如大分子（DNA 或 RNA）就会释放出来，而大分子物质在波长 260 nm 处有吸收峰，因此可以通过测定 260 nm 处菌悬液的吸光值来判断细胞膜的完整性（姜玮，2012）。将培养至对数生长期的金黄色葡萄球菌于 5 000 r/min 离心 10 min，收集菌体。然后用灭菌生理盐水洗涤 3 次后重新悬浮，使金黄色葡萄球菌悬液 $OD_{630\,nm}$ 为 0.6（冯小强 等，2009），即为金黄色葡萄球菌细胞菌悬液。向其中分别加入绿球藻多糖使其终浓度达到 1/2MIC、MIC、2MIC 及 4MIC[①]，以未加入绿球藻多糖的细菌溶液为对照。37℃下培养 2 h、4 h、6 h、8 h、10 h、12 h 时进行取样，离心 10 min（4 000 r/min），取上清液，用紫外-可见分光光度计测定不同培养时间的 $OD_{260\,nm}$ 值。实验结果为 3 次取样的平均值。

5.2.8　溶氧量的测定方法

菌体预培养：同 5.2.3 节。

细菌溶氧曲线的测定：向处于对数生长期的金黄色葡萄球菌的菌悬液中分别加入 CPP，使其终浓度达到 MIC、2MIC 和 4MIC，以未加入 CPP 的菌体溶液为对照。37°C 下振荡培养 24 h，每隔 2 h 记录溶氧量，然后以溶氧量（mg/L）为纵坐标，时间为横坐标绘制不同浓度 CPP 作用下的时间-溶氧量曲线（耿晓玲，2007）。

----

① 1/2MIC、MIC、2MIC 和 4MIC 分别表示处理浓度为 1/2 最低抑菌浓度、最低抑菌浓度、2 倍最低抑菌浓度和 4 倍最低抑菌浓度。

5.2.9　统计分析

试验结果用 mean±SD 表示，采用 SPSS 17.0 软件进行分析处理，并进行 Duncan's 多重范围检验，当 $P \leqslant 0.05$ 时为统计学差异显著。

5.3　结果与讨论

5.3.1　绿球藻多糖对细菌的抑菌试验结果

绿球藻多糖对大肠杆菌、变形杆菌、枯草芽孢杆菌、产气杆菌、金黄色葡萄球菌 5 种致病菌的抑菌试验结果见表 5.3。由表 5.3 可知，CPP 和 CCP 对大肠杆菌、变形杆菌、枯草芽孢杆菌、产气杆菌、金黄色葡萄球菌均表现出一定的抑制作用，其形成的抑菌圈直径大小顺序依次为金黄色葡萄球菌、枯草芽孢杆菌、产气杆菌、变形杆菌、大肠杆菌。实验结果显示，对于同一种菌，CPP 比 CCP 的抑菌效果强；当浓度为 30 mg/mL 时，CPP 对供试细菌和真菌的抑菌圈直径均显著高于 CCP（$P \leqslant 0.05$）。其中，CPP 对金黄色葡萄球菌和枯草芽孢杆菌抑制作用较强，抑菌圈直径分别达到 16.57 mm 和 16.41 mm，显著高于 CCP 的 11.94 mm 和 10.42 mm。可见，CPP 对细菌的抑制作用较 CCP 更强。

表 5.3　绿球藻多糖对细菌的抑菌效果

菌种	抑菌圈直径/mm		
	空白	CCP（30 mg·mL⁻¹）	CPP（30 mg·mL⁻¹）
大肠杆菌	6.14 ± 0.07^{aC}	8.34 ± 0.22^{dB}	11.04 ± 0.22^{cA}
金黄色葡萄球菌	6.11 ± 0.04^{aC}	11.94 ± 0.14^{aB}	16.57 ± 0.22^{aA}
变形杆菌	6.10 ± 0.07^{aC}	11.61 ± 0.27^{abB}	14.79 ± 0.29^{bA}
产气杆菌	6.08 ± 0.04^{aC}	11.10 ± 0.18^{bB}	14.84 ± 0.13^{bA}
枯草芽孢杆菌	6.16 ± 0.06^{aC}	10.42 ± 0.30^{cB}	16.41 ± 0.20^{aA}

注：Mean±SD，$n=3$；均值后上标的不同小写字母 a~d 表示同一列数据值的显著性不同（$P \leqslant 0.05$）；均值后上标的不同大写字母 A~C 表示同一行数据值的显著性不同（$P \leqslant 0.05$）。

5.3.2　绿球藻多糖对真菌的抑菌试验结果

由表 5.4 可知，除黑曲霉外，绿球藻多糖 CPP 和 CCP 对白色念珠菌、黄曲霉均有一定的抑制作用。在同一浓度下，两种抑菌液（CPP 或 CCP）对黄曲霉的抑菌率更高；当抑菌浓度为 30 mg/mL 时，CPP 对黄曲霉的抑菌率达到 35.29%，较 CCP（15.38%）高；CPP 和 CCP 对两种真菌的抑菌率均随浓度增大而增大。

表 5.4　绿球藻多糖对真菌的抑菌效果

菌种	抑菌率/%	
	CCP（30 mg·mL^{-1}）	CPP（30 mg·mL^{-1}）
白色念珠菌	12.82±1.87^{bB}	18.77±2.66^{bA}
黄曲霉	15.38±2.64^{aB}	35.29±2.47^{aA}

注：Mean±SD，n=3；均值后上标的不同小写字母 a~b 表示同一列数据值的显著性不同（$P \leqslant$ 0.05）；均值后上标的不同大写字母 A~B 表示同一行数据值的显著性不同（$P \leqslant 0.05$）。

5.3.3　绿球藻多糖的最小抑菌浓度分析

不同浓度梯度的绿球藻多糖对 8 种供试菌株的抑菌试验结果见表 5.5。除黑曲霉外，CPP 对其他 7 种菌均有抑制作用；供试菌对 CPP 的敏感性顺序由强到弱依次为枯草芽孢杆菌、大肠杆菌=黄曲霉=白色念珠菌、变形杆菌=产气杆菌、金黄色葡萄球菌；其 MIC 依次分别为 20 mg/mL、10 mg/mL、10 mg/mL、10 mg/mL、5 mg/mL、5 mg/mL、2.5 mg/mL。多糖对黑曲霉的 MIC 值大于 20 mg/mL。由此可见，在供试细菌中，绿球藻多糖对革兰氏阳性菌金黄色葡萄球菌的抑菌作用较强；在供试真菌中，绿球藻多糖对黄曲霉和白色念珠菌抑制作用相近，而对黑曲霉没有抑菌能力。

表 5.5　绿球藻多糖最小抑菌浓度

供试菌种	绿球藻多糖浓度/（mg·mL^{-1}）									
	20	10	5	2.5	1.25	0.625	0.313	0.156	0.078	0.039
大肠杆菌	−	−	++	+++	++++	++++	++++	++++	++++	++++
变形杆菌	−	−	−	++	+++	++++	++++	++++	++++	++++

续表

供试菌种	绿球藻多糖浓度/（mg·mL⁻¹）									
	20	10	5	2.5	1.25	0.625	0.313	0.156	0.078	0.039
枯草芽孢杆菌	－	+++	++++	++++	++++	++++	++++	++++	++++	++++
产气杆菌	－	－	－	++	+++	+++	++++	++++	++++	++++
金黄色葡萄球菌	－	－	－	－	++	+++	++++	++++	++++	++++
黑曲霉	++++	++++	++++	++++	++++	++++	++++	++++	++++	++++
黄曲霉	－	－	+++	++++	++++	++++	++++	++++	++++	++++
白色念珠菌	－	－	++	+++	++++	++++	++++	++++	++++	++++

注："－"表示无菌生长；"+"表示有少量菌落生长；"++"表示有不超过1/3平皿面积的菌落生长；"+++"表示有不超过1/2平皿面积的菌落生长；"++++"表示有超过1/2平皿面积的菌落生长。

5.3.4　绿球藻多糖对细菌生长曲线的影响

图 5.1 描述了绿球藻多糖对金黄色葡萄球菌细胞生长的影响。对照组菌体细胞经短暂的适应期后，在 3~9 h 开始指数生长，并在 15~18 h 间达到平顶期。而实验组 CCP 及 CPP 的菌体细胞数量出现最高峰的时间分别在24 h和15 h，菌体细胞生长代谢被显著（$P \leqslant 0.05$）延缓。实验结果同时显

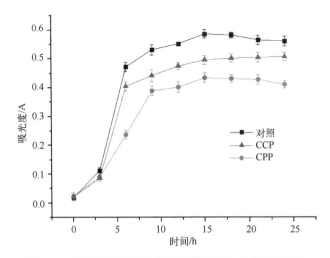

图 5.1　绿球藻多糖对金黄色葡萄球菌生长曲线的影响

示，CPP 处理对菌体细胞生长的影响较 CCP 高。当培养 24 h 时，CCP 与 CPP 处理菌体密度的吸光度值分别较对照组降低了 5.4% 和 15.2%，这表明 CCP 和 CPP 对金黄色葡萄球菌生长具有很好的抑制作用。

5.3.5　绿球藻多糖对真菌生长曲线的影响

绿球藻多糖对真菌黄曲霉细胞生长的影响见图 5.2。从实验结果中，我们同样可以发现 CCP 与 CPP 抑制细胞生长的现象。对照组菌丝体在 0 ~ 32 h 开始指数生长，并在 32 h 间达到最高峰。而实验组 CCP 及 CPP 的菌丝体细胞数量在 0 ~ 40 h 开始指数生长，出现最高峰的时间都在 40 h。在添加30 mg/mL 的 CCP 与 CPP 的实验组，菌丝干重均显著（$P \leqslant 0.05$）低于对照组，培养 64 h 后，菌丝干重仅为对照组的 68.4% 和 58.9%；且在培养 8 h 之后的任一观察期，CCP 实验组的菌丝干重显著高于 CPP 实验组。

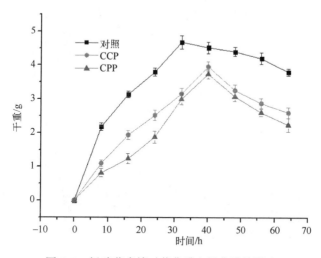

图 5.2　绿球藻多糖对黄曲霉生长曲线的影响

5.3.6　绿球藻多糖对细胞膜渗透性的影响

在正常情况下，细菌的细胞膜具有一定的半透性及流动性。当细菌处于不利生长条件或者抑菌剂作用时，细菌细胞膜会遭到破坏，丧失其半透性并降低流动性，菌体的保护屏障进而被打破。细胞内容物在波长 260 nm 处有吸收，表明细胞膜受到了破坏（左联 等，1998）。当细胞膜受到破坏之后，细胞质中释放出 DNA、mRNA 可能会透过细胞膜漏出到膜外，因此可以通过测定胞外 $OD_{260\,nm}$ 的变化值来推测细胞膜的完整性。图 5.3 是不同浓度的 CPP 对金黄色葡萄球菌作用时细胞上清液的 $OD_{260\,nm}$ 值变化。当用 1/2 MIC 的 CPP 作用于金黄色葡萄球菌时，在所检测的 2 h、10 h、12 h 时间内，上清液 $OD_{260\,nm}$ 与对照组相比，没有显著性差异。当用 MIC、2MIC 和 4MIC 的 CPP 作用于金黄色葡萄球菌时，在所检测的 2 h、4 h、6 h、8 h、10 h、12 h 时间内，上清液 $OD_{260\,nm}$ 与对照相比，均有显著性差异（$P <$ 0.05）。由此可见，CPP 会导致金黄色葡萄球菌 $OD_{260\,nm}$ 特征吸收物质的泄露，而且这种现象与浓度有关，这说明细胞内的大分子物质流出，菌体细

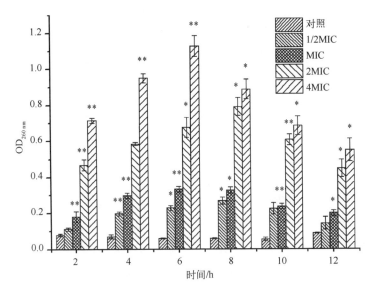

图 5.3　绿球藻多糖对金黄色葡萄球菌细胞通透性的影响

对照为未作用于 CPP 时金黄色葡萄球菌上清液的 $OD_{260\,nm}$ 值；与对照组相比，

＊＊ 表示 $P<0.01$，＊ 表示 $P<0.05$

胞膜的通透性和完整性发生了改变。另外，Moosavy 等（2008）提出，严重的细胞形态损伤和膜破坏会增加菌体对细胞内溶物的通透性。本实验说明了绿球藻多糖破坏了金黄色葡萄球菌细胞的完整性，使细胞膜通透性增加，导致胞内核酸物质流出，细胞代谢发生紊乱，最终使 $OD_{260\,nm}$ 值出现了明显的增加趋势。随着时间的延长，$OD_{260\,nm}$ 呈现不同程度的减小，可能是 CPP 使释放出的 DNA、mRNA 变性所致。据报道，糖类物质能够螯合金属阳离子（丁德润 等，2003），使环境中与微生物作用的糖量减少，从而降低了糖的抑菌活性。总体来看，不同浓度的 CPP 对金黄色葡萄球菌的影响不同。

5.3.7 金黄色葡萄球菌溶氧量的变化

通过对照图 5.4 和图 5.1，我们可以看出：未经抑菌物质处理的菌体进入指数期以后，呼吸作用较强，菌体大量生长，培养液中溶氧量显著下降；在稳定期，细菌生长趋于平缓，呼吸作用也略有下降，曲线小幅度回升。从图 5.4 中可以看出，未经 CPP 处理的菌体在最初的 12 h 内，呼吸作用较强，培养基中的溶氧量显著下降。当培养时间为 12 h 时，培养基中的溶氧量达到最低，12 h 之后溶氧量又显著升高。用 MIC 和 2MIC 的 CPP 作用于金黄色葡萄球菌时，培养基中的溶氧量在 16 h 内显著下降。培养时间为 16 h 时，培养基中的溶氧量达到最低，16 h 之后溶氧量又缓慢升高。用 4MIC 的 CPP 作用于金黄色葡萄球菌时，培养基中的溶氧量在 8 h 内略微下降。培养时间为 8 h 时，培养基中的溶氧量达到最低，8 h 之后溶氧量又缓慢升高，菌体耗氧量变化幅度很小。培养液中溶氧量保持在 81.6% 以上，由此可以推断出，该系统中细菌的呼吸作用由于受到了绿球藻多糖提取物的影响而大大减弱，与前面金黄色葡萄球菌生长曲线的测定结果一致。

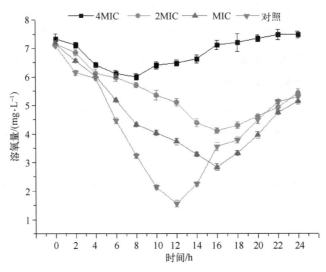

图 5.4　金黄色葡萄球菌的溶氧量测定

对照为未作用于 CPP 时培养基内的溶氧量；$n=3$

5.4　小结

天然活性产物在食品保鲜防腐中的作用与其抗氧化和抑菌活性关系密切，考察评价抑菌活性效果决定着天然活性物质作为天然食品保鲜剂的可能性。本章研究通过选取 8 种常见的致病菌：金黄色葡萄球菌、大肠杆菌、枯草芽孢杆菌、变形杆菌、产气杆菌、黑曲霉、黄曲霉和白色念珠菌，利用琼脂注入法和生长速率法评价绿球藻粗多糖及其纯多糖的抑菌活性，并测定了最小抑菌浓度及对生长曲线的影响。主要结论如下：

在抑菌活性方面，除黑曲霉外，CPP 和 CCP 对大肠杆菌、变形杆菌、枯草芽孢杆菌、产气杆菌、金黄色葡萄球菌、黄曲霉、白色念珠菌均表现出一定的抑制作用，其形成的抑菌圈直径大小顺序依次为金黄色葡萄球菌、枯草芽孢杆菌、产气杆菌、变形杆菌、白色念珠菌、黄曲霉、大肠杆菌。

对同一种菌，CPP 比 CCP 的抑菌效果强，不同菌对 CCP 的敏感性与 CPP 基本相同；最小抑菌浓度由强到弱依次为枯草芽孢杆菌、大肠杆菌＝黄曲霉＝白色念珠菌、变形杆菌＝产气杆菌、金黄色葡萄球菌；最小抑菌浓度依次为 20 mg/mL、10 mg/mL、10 mg/mL、10 mg/mL、5 mg/mL、5 mg/mL、2.5 mg/mL。同时，绿球藻纯多糖破坏了金黄色葡萄球菌细胞的完整性，使细胞膜通透性增加，导致胞内核酸物质流出，细胞代谢发生紊乱，$OD_{260\,nm}$ 值出现明显增加趋势。随着时间的延长，$OD_{260\,nm}$ 不同程度的减小，可能是 CPP 使释放出的 DNA、mRNA 变性所致。不同浓度的 CCP 对金黄色葡萄球菌的溶氧量随着时间的变化，呈现不同的先下降后上升趋势。绿球藻多糖能够延缓细菌和真菌对数生长期，抑制菌体生长代谢。在高剂量 30 mg/mL 浓度下，CPP 对金黄色葡萄球菌抑菌圈直径达 16.57 mm，对黄曲霉的抑菌率达 35.29%，能够显著延缓金黄色葡萄球菌和黄曲霉对数生长期，明显抑制菌体生长代谢活性；CPP 对食品致病菌尤其是食品中常见的金黄色葡萄球菌、枯草芽孢杆菌及黄曲霉有较强的抑菌作用，在食品天然抑菌剂方面具有开发潜力和研究意义。

参考文献

丁德润，陈燕青，刘鸿志，2003. 壳聚糖及其衍生物对钙离子的吸附性能 ［J］. 水处理技术，29（5）：269-271.

冯小强，李小芳，杨声，等，2009. 壳聚糖对细菌细胞膜的影响 ［J］. 食品科学，30（7）：63-67.

付红军，2017. 山苍子油的提取效果及其防腐保鲜研究 ［D］. 长沙：中南林业科技大学.

耿晓玲，2007. 杨梅果实提取物的抑菌作用研究 ［D］. 无锡：江南大学.

郭金英，杜洁，李彤辉，等，2015. 发状念珠藻胞外多糖的抑菌与抗炎作用 ［J］. 食品科学，36（9）：190-193.

郭奇，魏玉西，殷邦忠，等，2010. 鼠尾藻多酚分级组分的抑菌活性研究 ［J］. 渔业科学进展，31（1）：117-121.

韩晓静，张猛，谢树莲，2010. 轮藻功能性香皂的驱蚊抑菌作用研究［J］. 山西大学学报（自然科学版），33（4）：601-604.

姜玮，2012. 长白山杜香挥发油抑菌活性成分提取及抑菌机理研究［D］. 长春：吉林大学.

李俊霖，杨晓慧，王腾飞，等，2014. 10-HDA 对金黄色葡萄球菌的抑菌机理研究［J］. 中国食品学报，14（12）：73-79.

罗家刚，2002. 天然食品防腐剂的研究进展［J］. 昭通师范高等专科学校学报，24（10）：39-45.

王芹，刘超，张少君，等，2010. 旋链角毛藻活性物质的提取及抑菌作用研究［J］. 食品科学，31（5）：180-183.

徐年军，范晓，韩丽君，等，2000. 藻类抗肿瘤活性物质的研究［J］. 中国海洋药物，19（6）：30-36.

尹鸿萍，盛玉青，2006. 盐藻多糖体内抑菌及抗炎作用的研究［J］. 中国生化药物杂志，27（6）：361-363.

张国顺，1997. 藻类对食品防腐作用的研究［J］. 食品科学，18（7）：46-48.

左联，姚天爵，1998. 铜绿假单胞菌外膜通透性与耐药性的关系［J］. 中国抗生素杂志，23（4）：4-8，77.

BANSEMIR A, BLUME M, SCHRÖDER S, et al., 2006. Screening of cultivated seaweeds for antibacterial activity against fish pathogenic bacteria［J］. Aquaculture, 252（1）: 79-84.

DEVI K P, NISHA S A, SAKTHIVEL R, et al., 2010. Eugenol (an essential oil of clove) acts as an antibacterial agent against *Salmonella typhi* by disrupting the cellular membrane ［J］. Journal of Ethnopharmacology, 130（1）: 107-115.

MOOSAVY M H, BASTI A, MISAGHI A, et al., 2008. Effect of *Zataria multiflora* Boiss. essential oil and nisin on *Salmonella typhimurium* and *Staphylococcus aureus* in a food model system and on the bacterial cell membranes ［J］. Food Research International, 41（10）: 1050-1057.

POLITOFF A L, SOCOLAR S J, LOEWENSTEIN W R, 1969. Permeability of a cell membrane junction ［J］. The Journal of General Physiology, 53 （4）: 498-515.

SIRIPATRAWAN U, NOIPHA S, 2012. Active film from chitosan incorporating green tea extract for shelf life extension of pork sausages ［J］. Food Hydrocolloids, 27 （1）: 102-108.

ZHU Y J, ZHOU H T, HU Y H, et al., 2011. Antityrosinase and antimicrobial activities of 2-phenylethanol, 2-phenylacetaldehyde and 2-phenylacetic acid ［J］. Food Chemistry, 124 （1）: 298-302.

第6章 壳聚糖/绿球藻多糖复合膜的制备及性能研究

为了方便食品储藏运输、延长食品货架期，人们通常采用保鲜膜包装食品。传统保鲜膜大多是以乙烯为原材料加工而成的塑料包装制品，市场上常见的材质有聚乙烯、偏二氯乙烯、聚氯乙烯等。一方面，这些材料中通常含有有害物质或增塑剂，如己二酸二（2-乙基己基）酯在特定的介质环境和温度条件下渗入食品中，可引起性早熟、不孕不育症等，危害人体健康（周晓媛 等，2008）。另一方面，这些塑料制品主要来源于石油，具有不可降解性，大量使用不仅浪费石油资源，还将破坏生态环境。

随着人们生活水平的不断提高和食品安全意识的增强，天然活性材料包装食品越来越受到大家的欢迎（Tavassoli-Kafrani et al.，2016）。从植物、动物及微生物中提取天然活性物质（如淀粉、纤维素、多糖、脂质和蛋白质等）制成的保鲜膜，具有可降解性、无毒害、无污染、生物相容性优良等优点，是制备食品包装的理想材料（Fennema et al.，1994；Gennadios et al.，1990）。壳聚糖作为目前公认的优选食品包装材料之一，存在抗氧化性不强的缺点（Tomihata et al.，1997；Mohamed et al.，2013）。

绿球藻（*Chlorococcum*）是单细胞绿藻，为医药、食品兼用的优良植物资源。研究发现，藻多糖能有效清除自由基，具有良好的抗氧化性（李羚 等，2007）。绿球藻分布广泛、易培养、繁殖快、占地面积小、生产成本低。目前，微藻已作为饲料及食品应用于生产实践中（周德庆 等，2006）。因此，以人工培养的绿球藻为原材料与壳聚糖制备包装复合膜，不仅安全可靠，而且工艺不复杂、生产费用低，使用后还可生物降解，具有较大的生产潜力。因此，本部分研究以绿球藻多糖与壳聚糖制备复合活性包装膜，测定复合膜物理性能、机械性能和结构表征，分析复合膜对 DPPH 自由基的清除效果，考察绿球藻多糖对壳聚糖膜性能的影响，以期开发抗氧化活性与机械性能较强的复合活性包装膜，为食品包装保鲜提供新型包装材料。

6.1　实验材料和设备

6.1.1　实验材料

一株绿球藻（*Chlorococcum* sp. GD），采自山西省关帝山，藻种由山西大学生命科学学院藻类资源利用实验室分离、保藏并培养；壳聚糖（脱乙酰度：90%），购自山东优索化工科技有限公司。其他试剂均为分析纯。所用水为超纯水。

6.1.2　主要实验设备

Nicolet iS50 傅立叶变换红外光谱仪［赛默飞世尔科技（中国）有限公司］；SSX-550 扫描电子显微镜（日本岛津公司）；TU-1810DAPC 紫外可见分光光度计（北京普析通用仪器有限公司）；Multimode8 原子力显微镜（北京华跃英泰科技有限公司）；微机控制电子万能拉力机（深圳市新三思材料检测有限公司）；X 射线衍射仪器（丹东浩元仪器有限公司）。

6.2　实验方法

6.2.1　壳聚糖/绿球藻多糖复合膜的制备

多糖的提取参照夏冰等（2010）的方法。根据第 2 章的绿球藻多糖提取工艺得到的绿球藻沉淀复溶于超纯水中，参照 Sevage 法脱去蛋白后，将绿球藻多糖沉淀冷冻干燥，得绿球藻多糖干粉末。

取 2 g 壳聚糖溶于 80 mL 浓度为 1% 的乙酸溶液中，加入 1 g 甘油，置于 55℃ 恒温水浴锅中搅拌 30 min 至完全溶解，所得溶液为壳聚糖溶液。将绿球藻多糖按质量体积比（0.0%、0.5%、1%）溶于 40 mL 超纯水中，55℃ 水浴并持续搅拌至完全溶解，制得藻多糖溶液。将壳聚糖溶液与藻多糖溶液混合，并加入 0.2 g 明矾，55℃ 水浴并搅拌均匀，搅拌过程中及时补充损失的水分。将壳聚糖/藻多糖复合溶液置于超声仪中超声脱气，去除复合液中的气泡。取 90 mL 经上述步骤制得的壳聚糖/藻多糖复合膜溶液缓慢倒入 300 mm×150 mm 玻璃模具，水平放置，室温干燥成膜。制成不同处理组的复合膜，每个处理组制备 5 个样品，将制成的壳聚糖/藻多糖复合膜从模具上揭下，得到壳聚糖/绿球藻多糖复合膜。将复合膜置于温度为 25℃、相对湿度为 50% 的恒温恒湿培养箱中平衡 48 h，测定膜的各项性能指标。所有不同处理组膜的制备及测定在不同的时间里重复 3 次。

6.2.2　物理性能测定

选择平整、均匀的膜样品，随机选取膜样品表面的 5 个点，用螺旋测微仪测定厚度，取平均值，得到膜样品的厚度（张智宏，2013）。

将膜进行切割，获得 20 mm×20 mm 膜样品，以电子天平测量其质量并计算面积，以公式（6.1）计算膜的密度：

$$\rho = \frac{m}{s \times d},\tag{6.1}$$

式中，ρ——密度；

m——试样质量；

s——试样面积；

d——试样厚度。

膜的溶解度参照 Andreuccetti 等（2011）和 Silva 等（2009）的方法。将膜切割成 10 mm×40 mm 样条，置于 105℃烘箱，干燥 24 h 取出称重，作为膜的初始质量。然后将膜放入培养皿，加入 30 mL 超纯水，放置 24 h 后取出，用滤纸轻轻擦去复合膜表面的水分，将膜再次放入 105℃烘箱，干燥 24 h 取出称重，作为膜的最后质量。以公式（6.2）计算膜的溶解度：

$$溶解度 = \frac{m_0 - m_1}{m_0} \times 100\%, \tag{6.2}$$

式中，m_0——膜样品初始质量；

　　　m_1——膜样品最后质量。

透明度的测定参照 Park 等（2004）的方法。选取厚度相同的膜样品，将膜切割成 45 mm × 10 mm 的条状，垂直紧贴内壁放入比色皿，膜样品与比色皿内壁不能留有气泡，将比色皿放入紫外分光光度计的样品室中，在紫外分光光度计波长 600 nm 处测定样品的吸光值，以不贴膜的比色皿为空白对照。以公式（6.3）计算膜的不透明度：

$$O = \frac{Abs_{600\ nm}}{d}, \tag{6.3}$$

式中，O——不透明度；

　　　$Abs_{600\ nm}$——600 nm 膜吸光值；

　　　d——膜厚度。

溶胀度的测定参考 Mayachiew 等（2010）的方法。将膜切割成 20 mm× 20 mm，称重，然后放入盛有 20 mL 超纯水的烧杯中浸泡，复合膜完全浸入水中，24 h 后取出，用滤纸轻轻擦去表面水，再称重。以公式（6.4）计算膜的溶胀度：

$$SI = \frac{W_f - W_i}{W_i} \times 100\%, \tag{6.4}$$

式中，SI——溶胀度；

　　　W_f——试样溶胀后的质量；

W_i——试样溶胀前的质量。

水蒸气透过率参照 Srinivasa 等（2007）和彭勇等（2013）的方法测定。准确称取 10 g 干燥硅胶放入 40 mm×25 mm 称量瓶中，以提供相对湿度为 0 的环境。选择厚度均匀的膜样品，测定厚度后，将其紧密覆盖称量瓶口，测定覆膜后称量瓶重量。将称重后的称量瓶放入底部装有饱和 NaCl 溶液（相对湿度 75%，25℃）的干燥器中，以使得复合膜上下两侧保持一定的蒸气压差，每隔 3 h 取出称量瓶称重，直至变化小于 0.001 g。以公式（6.5）计算膜的水蒸气透过率：

$$WVP = \frac{(W_2 - W_1) \times d}{t \times A \times \Delta p},\qquad(6.5)$$

式中，WVP——水蒸气透过率；

$\quad W_1$——起始重量；

$\quad W_2$——最终重量；

$\quad d$——膜厚度；

$\quad A$——膜面积；

$\quad t$——时间；

$\quad \Delta p$——瓶内外气压差。

6.2.3 机械性能测定

参照《塑料薄膜拉伸性能试验方法》（GB 13022-91）采用电子万能试验机测定复合膜的抗拉强度和断裂伸长率。将膜切割成 150 mm×10 mm 长条，两端固定于万能测试机的夹手中，使样品处于平整自然伸展状态。测试速度为 100 mm/min。以公式（6.6）和公式（6.7）分别计算膜的拉伸强度和断裂伸长率：

$$TS = \frac{p}{b \times d} \times 100\%,\qquad(6.6)$$

式中，TS——拉伸强度；

$\quad p$——最大负荷；

b——试样宽度;

d——试样厚度。

$$EB = \frac{L - L_o}{L_o} \times 100\%, \qquad (6.7)$$

式中,EB——断裂伸长率;

L_o——试样原始标线距离;

L——试样断裂时标线距离。

6.2.4 结构表征

常规制样,以扫描电子显微镜观察膜的表面。

将膜切割成 0.06 mm×0.04 mm 的条样,用双面胶粘在云母片上,置于原子力显微镜下观察。通过显微镜数据处理软件将捕获的数据转化为图像,进行观察,分析膜样品的表面平整度。

将膜平整铺于傅立叶变换红外光谱仪样品架上,用扫描探针直接接触样品表面随机取点进行扫描,扫描范围为 4 000 cm^{-1}~400 cm^{-1},扫描次数为 32 次,分辨率为 4 cm^{-1}(Siripatrawan et al.,2010)。

采用 X 射线衍射仪检测样品:Cu 靶的 Kα 辐射源 λ=10 541 Å,扫描电压为 40 kV,扫描电流为 200 mA,扫描速率为 4°/min,扫描范围为 2θ=8°~80°,温度为 25℃,发散狭缝为 0.5°,接受狭缝为 0.3 mm。

6.2.5 DPPH 自由基清除率测定

将膜样品放入盛有 60 mL 水的烧杯中浸泡 24 h,取 1 mL 浸泡液和 4 mL 浓度为 10^{-3} mol/L 的 DPPH 甲醇溶液放入试管中混合,混合均匀后置于暗室静置 30 min,在分光光度计波长 517 nm 处测定膜样品的吸光度(Blois,1958)。以公式(6.8)计算膜的 DPPH 自由基清除率:

$$\mathrm{DPPH}_{\text{自由基清除率}} = \frac{A_{\mathrm{DPPH}} - A_s}{A_{\mathrm{DPPH}}} \times 100\%, \qquad (6.8)$$

式中，A_{DPPH}——波长 517 nm 处甲醇溶液的吸光度；

A_s——波长 517 nm 处壳聚糖复合膜浸泡液和 DPPH 甲醇溶液混合液
的吸光度。

6.3 结果与讨论

6.3.1 壳聚糖/绿球藻多糖复合膜的物理性能

添加绿球藻多糖对壳聚糖膜密度、厚度的影响见表 6.1。当添加 0.5%
藻多糖时，膜的厚度和密度与对照无显著性差异（$P>0.05$）。当添加 1.0%
藻多糖时，膜的厚度和密度与对照相比有了显著增加（$P<0.05$）。参照
《食品用塑料自粘保鲜膜》（GB 10457—2009），藻多糖复合膜的厚度与食品
用塑料自粘保鲜膜厚度相比略微有些偏高。膜厚度、密度的增加与膜结构
的变化有关，藻多糖的添加可能使膜的结构更为紧密，并且随着多糖添加
量的增加，复合膜厚度也相应增加。

表 6.1　不同浓度绿球藻多糖对壳聚糖膜厚度和密度的影响

样品	厚度/cm	密度/（g·cm⁻³）
对照	0.010 ± 0.002^b	1.063 ± 0.015^b
添加 0.5%藻多糖	0.014 ± 0.002^b	1.134 ± 0040^{ab}
添加 1.0%藻多糖	0.020 ± 0.001^a	1.181 ± 0.031^a

注：同一列样品间不同字母表示差异显著（$P<0.05$），下同。

溶解度能反映膜的亲水性能，溶胀度可以直观地反映出在水分充足条
件下复合膜的吸水能力，二者是用来评价复合膜性能的重要指标。由表 6.2
可知，添加藻多糖对膜的溶解度、溶胀度和透明度 3 个指标都有显著影响
（$P<0.05$）。与对照膜样品相比，藻多糖的添加明显提高了复合膜的溶解度

和溶胀度，而且随着添加量的增加，膜的溶解度和溶胀度也随之增大。透明度则由于添加藻多糖而降低。原因可能是绿球藻多糖具有亲水性，导致水分子更容易进入膜体，促使膜产生溶解和溶胀效果。一方面，由于壳聚糖膜无色透明，绿球藻多糖的加入使复合膜呈现淡绿色，所以透明度即随之降低。另一方面，由于藻多糖浓度的增加使复合膜的厚度和密度增加，降低了可见光的透过率，使复合膜不透明度增大。

表 6.2　不同浓度绿球藻多糖对壳聚糖膜溶解度、溶胀度和透明度的影响

样品	溶解度/（%）	溶胀度/（%）	不透明度/（$Abs_{600} \cdot mm^{-1}$）
对照	20 ± 0.854^c	300 ± 15.275^b	1.31 ± 0.046^b
添加 0.5%藻多糖	25 ± 1.928^b	350 ± 14.933^a	2.09 ± 0.067^a
添加 1.0%藻多糖	43 ± 0.404^a	380 ± 6.110^a	2.21 ± 0.061^a

由表 6.3 可知，添加藻多糖显著降低了膜的水蒸气透过率（$P<0.05$），而且随着藻多糖添加量的增加，膜的水蒸气透过率也呈剂量效应。添加藻多糖可降低壳聚糖膜的水蒸气透过率，这可能与其结构变化及厚度和密度增加使膜的透气性受到阻碍有关。同时添加藻多糖促使壳聚糖分子形成氢键，使两者结合得更紧密，通透性下降，导致水蒸气透过率降低（方海峰，2014）。水蒸气透过率越小，说明膜的透气率越低，更能有效抑制食品中水分的散失，有利于食品的保鲜（刘晓菲 等，2011）。

表 6.3　不同浓度绿球藻多糖对壳聚糖膜水蒸气透过率的影响

样品	水蒸气透过率/（$mg \cdot m \cdot h^{-1} \cdot m^{-2} \cdot kPa^{-1}$）
对照	10.19 ± 0.234^c
添加 0.5%藻多糖	8.36 ± 0.236^b
添加 1.0%藻多糖	7.64 ± 0.122^a

6.3.2 壳聚糖/绿球藻多糖复合膜的机械性能

膜的机械性能可反映其对食品物理完整性的保护能力，而机械性能与壳聚糖基质分子内和分子间的相互作用有关（Leceta et al.，2013）。由表6.4可知，添加藻多糖对膜的断裂伸长率无显著性影响（$P>0.05$），但抗拉强度有所降低（$P<0.05$）。由原子力显微镜扫描和 X 射线衍射测定结果可知，壳聚糖的分子链呈聚集态网络结构。当壳聚糖与藻多糖结合后，藻多糖分子使壳聚糖的分子链结构发生改变，从而使得壳聚糖/藻多糖复合膜的抗拉强度下降（王丽岩，2013）。因此，壳聚糖/藻多糖复合膜的机械性能还有待于改善优化，以便更好地满足食品包装生产所需。

表 6.4　不同浓度绿球藻多糖对壳聚糖膜抗拉强度和断裂伸长率的影响

样品	抗拉强度/MPa	断裂伸长率/（%）
对照	19.472±1.565[b]	48.882±8.567[a]
添加 0.5%藻多糖	12.358±1.655[a]	28.252±7.318[a]
添加 1.0%藻多糖	8.075±1.480[a]	24.882±8.702[a]

6.3.3 壳聚糖/绿球藻多糖复合膜的结构分析

图 6.1 显示了复合膜在扫描电镜（SEM）下的表面和截面情况。可以看出，与对照相比，添加了藻多糖的膜表面平整度略下降，有少量颗粒出现（图 6.1B 和图 6.1C），这可能是由于脱气不彻底，制膜时气泡破裂所致。从图 6.1b 和 6.1c 可看出，与对照相比，添加了藻多糖的膜均匀度有所下降，可能是复合膜制备时均质不充分所致（陈红 等，2017）。

图 6.2 显示了复合膜在原子力显微镜（AFM）下的扫描图像。可以看出，与对照相比，添加了藻多糖的膜表面平整度略下降，膜表面山谷结构高低差略增大。膜的粗糙度与 Rq 和 Ra 参数相关。由图 6.2 可知，添加了

藻多糖的复合膜比对照的 Rq 和 Ra 值均有所增加，所以膜表面略显粗糙。原子力显微镜扫描结果也与电子显微镜观察结果一致。

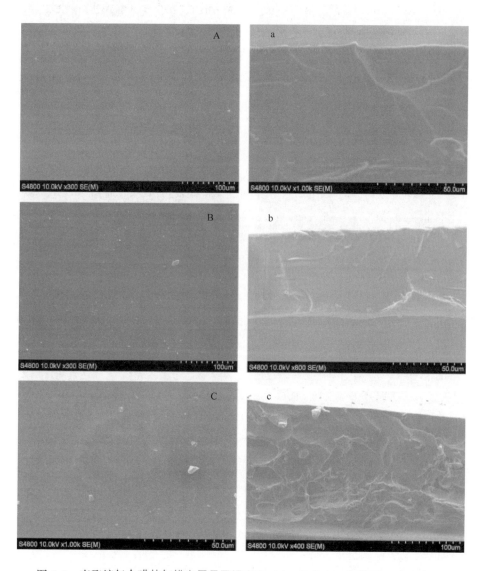

图 6.1　壳聚糖复合膜的扫描电子显微镜表面（A、B 和 C）和截面（a、b 和 c）

A，a. 对照；B，b. 添加 0.5%藻多糖；C，c. 添加 1.0%藻多糖

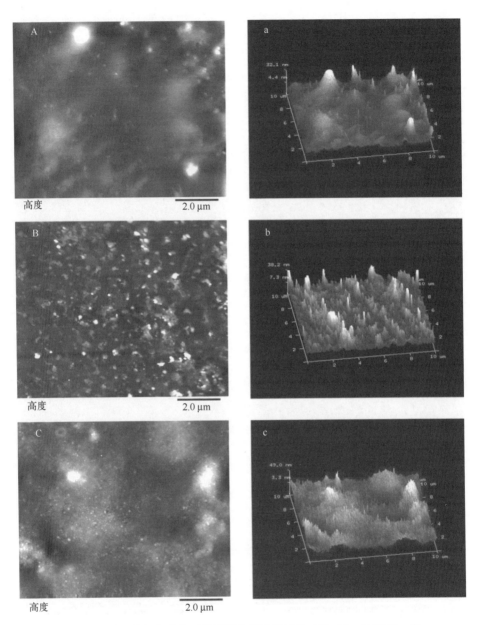

图 6.2　壳聚糖复合膜表面的原子力显微镜扫描二维（A、B 和 C）和

三维图像（a、b 和 c）

A，a. 对照；B，b. 添加 0.5% 藻多糖；C，c. 添加 1.0% 藻多糖（a～c 坐标为三维距离）

图 6.3 显示了复合膜的 X 射线衍射图谱。由图可知，膜在 2θ 为 21°时有一个明显的非结晶衍射峰。而在 2θ 为 11.5°时出现的衍射峰主要是由于壳聚糖的水合结晶结果产生（Souza et al.，2014）。随着藻多糖添加量的增加，此衍射峰渐不凸显，几乎消失，说明在非均相条件下，藻多糖的添加减弱了壳聚糖的结晶性，与壳聚糖分子可以很好地相溶。这可能是添加藻多糖使壳聚糖分子的链接发生改变，从而降低了其结晶性（刘伟，2015）。

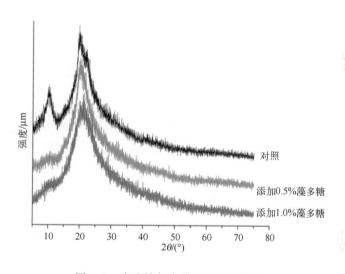

图 6.3　壳聚糖复合膜的 X 射线衍射

图 6.4 是复合膜的红外光谱扫描图谱。由图可知，在 3 360 cm⁻¹有较强的吸收峰，为 O–H 伸缩振动吸收峰和 N–H 伸缩振动吸收峰，藻多糖的添加使该吸收峰变宽，可能由于藻多糖中羟基（–OH）与壳聚糖中氨基（–NH₂）相互作用，缔合成氢键，氢键作用的强弱和键长的不同，使吸收峰出现在一个较大的频率范围（Xu et al.，2005）。在 2 950 cm⁻¹和 2 862 cm⁻¹处主要是 C–H 伸缩振动的吸收峰（彭勇，2014）。在 1 582 cm⁻¹处为 N–H 弯曲振动吸收峰，藻多糖的添加使此处的吸收峰变小，表明藻多

糖对壳聚糖分子间的氢键作用有影响（Cava et al.，2005）。在 1 080 cm^{-1}处主要是C-O 伸缩振动吸收峰（Banerjee et al.，2002）。总体来看，膜的峰值随着藻多糖的添加略向低波数处平移。有关研究可知，膜在特征区吸收峰向低波数移动与氢键相互作用有关（吴颖，2009）。

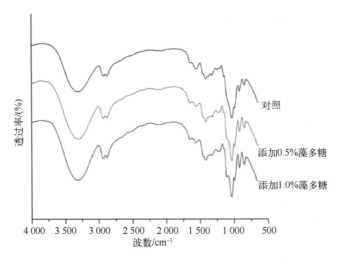

图 6.4　壳聚糖复合膜的红外光谱

6.3.4　DPPH 自由基清除活性分析

　　DPPH 自由基清除活性常被用来反映抗氧化剂的抗氧化性能（Kanatt et al.，2008）。图 6.5 显示的是复合膜的 DPPH 自由基清除率。由图可知，添加藻多糖可显著增加膜的 DPPH 自由基清除率（$P<0.05$），且呈剂量效应。当藻多糖浓度为 1.0% 时，膜的 DPPH 自由基清除率达到 46%，相当于对照的 2.54 倍。这表明复合膜具有较强的抗氧化活性，可能是藻多糖中的羟基有较强的供氢能力，阻止自由基间的反应，从而使藻多糖更能有效地清除自由基。

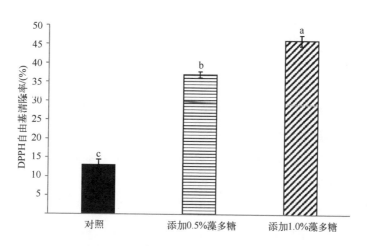

图 6.5　不同浓度绿球藻多糖对壳聚糖膜 DPPH 清除率的影响

小写字母不同表示差异显著（$P<0.05$）

6.4　小结

本章考察了壳聚糖/绿球藻多糖复合膜的理化性质、机械性能和对 DPPH 自由基清除率，并对其结构的表征进行了分析。结果表明，通过添加 0.5%~1%的绿球藻多糖，增加了膜的密度、厚度、溶解度和溶胀度，降低了水蒸气透过率。同时，添加绿球藻多糖显著提高了 DPPH 自由基清除率，说明绿球藻多糖作为天然活性物质能够很好地溶入壳聚糖膜中，形成紧密结构，可以制备成具有良好抗氧化活性的食品包装复合膜。但是，添加了绿球藻多糖的复合膜抗拉强度和断裂伸长率略有降低。因此，还需要继续优化壳聚糖/绿球藻多糖复合膜的制备工艺，进一步提高其品质。

参考文献

陈红，李彩云，李侠，等，2017. 壳聚糖/微晶甾醇可食性复合膜的制备、性能及结构表征 [J]. 食品科学, 38 (9): 91-98.

方海峰，2014. 壳聚糖/牛蒡/明胶/甘油复合膜制备及其在蓝莓保鲜中的应用 [D]. 哈尔滨: 东北林业大学.

国家标准化管理委员会，2009. GB/T 10457-2009 食品用塑料自粘保鲜膜 [S]. 北京: 中国标准出版社.

李羚，高云涛，戴云，等，2007. 螺旋藻及螺旋藻多糖体外清除活性氧及抗氧化作用研究 [J]. 化学与生物工程, 24 (3): 55-57.

刘伟，2015. 姜酚抑菌作用及姜酚—壳聚糖复合膜性质与应用研究 [D]. 北京: 中国农业大学.

刘晓菲，程春生，覃宇悦，等，2011. 增塑剂对壳聚糖/纳米蒙脱土复合膜物理性能的影响 [J]. 食品与发酵工业, 37 (2): 87-90.

彭勇，李云飞，项凯翔，2013. 绿茶多酚提高壳聚糖包装膜的抗氧化性能 [J]. 农业工程学报, 29 (14): 269-276.

彭勇，2014. 可食性壳聚糖活性包装膜成膜组分研究 [D]. 上海: 上海交通大学.

全国塑料制品标准化技术委员会，1991. GB13022-91 塑料薄膜拉伸性能试验方法 [S]. 北京: 中国标准出版社.

王丽岩，2013. 壳聚糖基活性包装膜的性能及其在食品贮藏中应用的研究 [D]. 长春: 吉林大学.

吴颖，2009. 新型淀粉膜的制备及其结构和性能的研究 [D]. 天津: 天津大学.

夏冰，郭育涛，李晓晨，2010. 螺旋藻多糖粗提的新方法工艺条件研究 [J]. 应用化工, 39 (6): 892-894.

张智宏，2013. 壳聚糖/石榴皮提取物复合膜的制备及性能研究 [D]. 昆明: 昆明理工大学.

周德庆，李振，柳淑芳，等，2006. 藻类食品安全性评价与产品开发 [J]. 中国食品学报，6（1）：396-401.

周晓媛，蔡佑星，邓靖，等，2008. 果蔬保鲜膜的保鲜机理与研究进展 ［J］. 食品研究
　　与开发，29（11）：148-152.

ANDREUCCETTI C, CARVALHO R A, GALICIA-GARCIA T, et al., 2011. Effect of
　　surfactants on the functional properties of gelatin-based edible films ［J］. Journal of
　　Food Engineering, 103（2）：129-136.

BANERJEE T, MITRA S, SINGH A K, et al., 2002. Preparation, characterization and
　　biodistribution of ultrafine chitosan nanoparticles ［J］. International Journal of Pharma-
　　ceutics, 243（1-2）：93-105.

BLOIS M S, 1958. Antioxidant determinations by the use of a stable free radical ［J］.
　　Nature, 181（4617）：1199-1200.

CAVA D, CATALA R, GAVARA R, et al., 2005. Testing limonene diffusion through
　　food contact polyethylene by FT-IR spectroscopy：Film thickness, permeant concen-
　　tration and outer medium effects ［J］. Polymer Testing, 24（4）：483-489.

FENNEMA O, GREENER D I, 1994. Edible films and coatings：characteristics, formation,
　　definitions and testing methods ［J］. // Krochta J M, Baldwin E A, Nisperos-
　　Carriedo Y M. Edible Coatings and Films to Improve Food Quality. Technomic, Lan-
　　caster, Pensilvania, EUA, 1-21.

GENNADIOS A, WELLERC L, 1990. Edible films and coatings from wheat and corn pro-
　　teins ［J］. Food Technology, 44（10）：63-69.

KANATT S R, CHANDER R, SHARMA A, 2008. Chitosan and mint mixture：A new
　　preservative for meat and meat products ［J］. Food Chemistry, 107（2）：845-852.

LECETA I, GUERRERO P, IBARBURU I, et al., 2013. Characterization and antimicrobial
　　analysis of chitosan-based films ［J］. Journal of Food Engineering, 116（4）：
　　889-899.

MAYACHIEW P, DEVAHASTIN S, 2010. Effects of drying methods and conditions on re-
　　lease characteristics of edible chitosan films enriched with Indian gooseberry extract ［J］.
　　Food Chemistry, 118（3）：594-601.

MOHAMED C, CLEMENTINE K A, DIDIER M, et al., 2013. Antimicrobial and physical properties of edible chitosan films enhanced by lactoperoxidase system [J]. Food Hydrocolloids, 30 (2): 576-580.

PARK P J, JE J Y, KIM S K, 2004. Free radical scavenging activities of differently deacetylated chitosans using an ESR spectrometer [J]. Carbohydrate Polymers, 55 (1): 17-22.

SILVA M A D, BIERHALZ A C K, KIECKBUSCH T G, 2009. Alginate and pectin composite films crosslinked with Ca^{2+} ions: Effect of the plasticizer concentration [J]. Carbohydrate Polymers, 77 (4): 736-742.

SIRIPATRAWAN U, HARTE B R, 2010. Physical properties and antioxidant activity of an active film from chitosan incorporated with green tea extract [J]. Food Hydrocolloids, 24 (8): 770-775.

SOUZA A C D, DIAS A M A, SOUSA H C, et al., 2014. Impregnation of cinnamaldehyde into cassava starch biocomposite films using supercritical fluid technology for the development of food active packaging [J]. Carbohydrate Polymers, 102: 830-837.

SRINIVASA P C, RAMESH M N, THARANATHAN R N, 2007. Effect of plasticizers and fatty acids on mechanical and permeability characteristics of chitosan films [J]. Food Hydrocolloids, 21 (7): 1113-1122.

TAVASSOLI-KAFRANI E, SHEKARCHIZADEH H, MASOUDPOUR-BEHABADI M, 2016. Development of edible films and coatings from alginates and carrageenans [J]. Carbohydrate Polymers, 137 (1): 360-374.

TOMIHATA K, IKADA Y, 1997. In vitro and in vivo degradation of films of chitin and its deacetylated derivatives [J]. Biomaterials, 18 (7): 567-575.

XU Y X, KIM K M, HANNA M A, et al., 2005. Chitosan-starch composite film: preparation and characterization [J]. Industrial Crops and Products, 21 (2): 185-192.

第 7 章 绿球藻的分离鉴定及
分子系统发育学研究

近年来，小型球状绿藻越来越受到关注。它们普遍具有生长快、占地面积小、高附加值物质（如多糖、油脂、虾青素、蛋白质、β-胡萝卜素等）产量高、能利用废水和废气进行培养、环境友好等特点，已被认为是当今最有开发前景的候选原料。但由于形态简单、用于分类的特征较少，小型球状绿藻的分类学研究现状普遍十分混乱。基础的系统学混乱和可培养藻株的缺乏，严重制约了小型球状绿藻的进一步开发。

本书的研究材料绿球藻（*Chlorococcum*）便是其中一类典型代表。该属植物隶属于绿藻门（Chlorophyta），绿藻纲（Chlorophyceae），常富含多糖、蛋白质、黄酮类、酚类、β-胡萝卜素等高附加值产物，为一类重要的小型球状绿藻。然而，由于绿球藻属成员普遍缺少明显而易于分辨的形态特征，易与小球藻（*Chlorella*）等其他常见的小型球状绿藻相混淆，导致同物异名或者同名异物现象大量存在，不同的产品以及科学研究由于物种鉴定的混乱而无法进行有效的比较，许多新分离的藻株也无法得到准确的命名，严重影响了该属藻类进一步的生产研发。

因此，本章对本藻株进行了详细的分类学鉴定，并将传统的形态分类学与多分子标记手段进行联合，以期对该属植物进行一个全面的整理，为绿球藻进一步开发应用打下基础。

7.1 实验材料

标本于 2013 年 7 月采自山西省关帝山八水沟（37°49′N，111°27′E；海拔 1 861 m），生于华北落叶松林下，与一株藓类共生。藓类经鉴定为钝叶绢藓（*Entodon obtusatus*）（Entodontaceae）（见图 7.1）。凭证标本保存于山西大学植物标本馆（SXU）。钝叶绢藓的形态特征在光学显微镜下（BX-51，奥林巴斯，日本）进行观察。主要特征使用数码相机（CAMEDIA c5060wz，奥林巴斯，日本）和显微镜配套 CCD（DP72，奥林巴斯，日本）进行拍摄。

7.2 实验方法

7.2.1 藓类植物共生藻的获取及培养

摘取少许藓类新鲜茎叶，流水冲洗 15 min 后用蒸馏水洗涤 3 次，在超净工作台上用软毛刷反复清理植物表面，然后用 Tween20 进行清洗，再用蒸馏水冲洗 5 次，将第 5 次冲洗完的无菌水收集（郭斌 等，2012；张青 等，2010）。在无菌条件下，用研钵将清洗过的藓类材料研磨制成匀浆液，接入 BG-11 液体培养基中，放于光照培养箱（BSG-300，上海博迅实业有限公司，中国）中培养，培养条件：温度为 25℃，光照周期为 12 h∶12 h，光照强度为 25 μmol/（m^2·s）。第 5 次冲洗用的无菌水也接入 BG-11 液体培养基，在相同的条件下培养。20 d 后，每 5 d 对培养的第 5 次清洗的无菌水进行镜检，作为检验藓类植物表面是否清洗干净的对照。

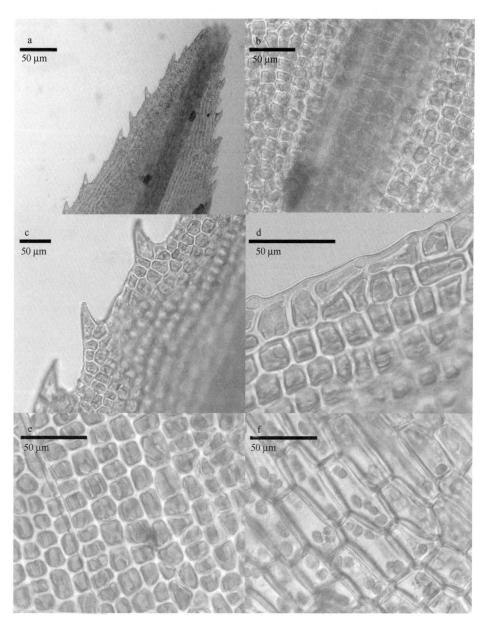

图 7.1　采集自山西省关帝山的钝叶绢藓（No. SAS2013018）

a. 叶尖部；b. 植物体的叶；c. 叶边缘；d. 叶边缘；e. 叶中部细胞；f. 叶基部细胞

经过 3~4 周的培养，用微挑法（班剑娇 等，2013）将藻株挑出后培养在含有 BG-11 培养基的 24 孔板中，放于光照培养箱中静置培养，培养条件：温度为 25℃，光照周期为 12 h∶12 h。培养 2~3 周后再转移到新培养基中扩大培养。

分离纯化后的藻株编号为 GD。

此外，绿球藻藻株 *Chlorococcum oleofaciens*（UTEX 105）购自美国德州大学 UTEX 藻种库（http：// web. biosci. utexas. edu/utex）。藻株 *Pleurastrum insigne*（SAG 30. 93）、*Neospongiococcum gelatinosum*（SAG 64. 80）、绿球藻 *Chlorococcum oleofaciens*（SAG 213-11）、绿球藻 *Chlorococcum sphacosum*（SAG 66. 80）购自德国哥廷根大学 SAG 藻种库（http：// www. epsag. uni-goettingen. de）。所购藻株在 BG-11 培养基中培养，培养条件：温度为 25℃，光照周期为 12 h∶12 h，光照强度为 25 μmol/（m² · s）。

7. 2. 2　形态观察

使用光学显微镜对藻株的显微形态进行观察，步骤如下：挑取分离纯化的藻株培养物，在光学显微镜下对藻株颜色、形态、外鞘、生活史、细胞直径等特征进行观察。使用安装在显微镜上的数码相机和显微镜配套对藻株主要特征进行拍摄。

使用扫描电子显微镜观察藻株表面的亚显微结构，其步骤如下：将分离纯化的藻株培养物离心，用戊二醛固定（2.5%，1 h）；用磷酸缓冲液洗涤（3 次，每次 10 min）；分别用酒精梯度脱水（50%、70%、80%、90% 和 100%，每个阶段 15 min）；采用叔丁醇干燥法，分别置于 75%、100% 的叔丁醇后置于冰箱冷冻 10 min；真空抽气 1 h 后，于真空环境中镀膜。观察使用日立 S-3500N（日立公司，日本）扫描电子显微镜。

使用透射电子显微镜观察藻株内部的亚显微结构，其步骤如下：将分离纯化的藻株培养物离心，用无菌培养基清洗两次，戊二醛固定（2.5%，3 h）后，用 OsO_4 固定（1%，室温，2 h），丙酮系列脱水（每级 10 min），在丙酮与包埋剂混合液中浸透（室温，4 h）；环氧树脂包埋，浸透（40℃，24 h），聚合（60℃，48 h）；制作超薄切片（LKB 超薄切片机，瑞典）；使用醋酸铀和柠檬酸铅染色后在投射电子显微镜（JEOL-1200EX，日立公司，日本）下观察、拍照。

7.2.3　总 DNA 的提取、扩增及测序

采用一管式植物 DNA 抽提试剂盒 ［生工生物工程（上海）股份有限公司］ 进行 DNA 的提取。

对 18S rDNA、*rbc*L cpDNA 和 ITS 区域设计引物进行扩增，其中 18S rDNA 扩增引物为：MA1（5′-CGGGATCCGTAGTCATATGCTTGTCTC-3′）和 MA2（5′-CGGAATTCCTTCTGCAGGTTCACC-3′）（Olmos et al.，2000）。

*rbc*L cpDNA 扩增引物为：475－497（5′-CGTGACAAACTAAA CAAATATGG-3′）和 1181-1160（5′-AAGATTTCAACTAAAGCTGGCA-3′）（Nozaki et al.，1997）。

ITS 扩增使用通用引物为：AB28（5′-GGGATCCATATGCTTAAGTT CAGCGGGT-3′）和 TW81（5′-GGGATCCGTTTCCGTAGGTGAACCTGC-3′）。

PCR 反应体系见表 7.1，扩增程序见表 7.2。使用美国 BIO-RED 公司 PCR 仪进行扩增。PCR 扩增产物用琼脂糖凝胶电泳检测。目的片段使用小量胶回收试剂盒（上海华舜生物技术有限公司）进行纯化回收。目的片段经回收后测序（深圳华大基因股份有限公司）。

表 7.1 18S rDNA、*rbc*L cpDNA 和 ITS 序列片段扩增反应体系

体系组分	体积/μL
Fw (10 μmol/L)	1.0
Rv (10 μmol/L)	1.0
10×buffer (Mg^{2+})	2.0
dNTP (2.5 mmol/L)	2.0
Template	1.0
dd H$_2$O	12.8
Taq DNA 聚合酶	0.2
总体积	20.0

表 7.2 18S rDNA、*rbc*L cpDNA 和 ITS 基因扩增程序

扩增步骤	扩增条件
预变性	95℃, 5 min
循环 (35 个)	94℃, 45 s; 55℃, 45 s; 72℃, 1 min
延伸	72℃, 10 min
保存	4℃, 10 min

7.2.4 数据分析

从 GeneBank 中获取相关序列用于本研究。18S rDNA 和 *rbc*L cpDNA 基因以 *Cyanophora paradoxa* 为外类群。采用 Biodiet 软件进行序列比对，人工检查并校正部分排序结果。采用 MEGA (Tamura et al., 2011)、PhyML 3.0 (Guindon et al., 2003) 和 MrBayes version 3.1.2 (Ronquist et al., 2003) 软件分别以邻近法 (NJ)、最大似然法 (ML) 和贝叶斯法 (Bayesian) 进行系统发育树的构建。应用 Modeltest 3.7 (Posada, 2008) 进行模型选择，

并估计相关参数。获得的系统树使用 Treeview 检视分析。最终所有系统树的编辑使用 Adobe illustrator CS5。

7.2.5　脂质测定

7.2.5.1　荧光显微镜观察

取 240 μL 藻株，加入 1 μL 尼罗红染液，混合均匀，37℃染色 10 min，取一滴在荧光显微镜（BX41，奥林巴斯，日本）下进行观察、拍照。

7.2.5.2　藻株生物量的测定

取稳定期藻株 150 mL，滤纸称重为 W_1（mg），抽滤后置于 30℃烘箱 7~8 h 至恒重，称重为 W_2（mg），−20℃保存，设置 3 个重复（班剑娇 等，2013）。根据公式（7.1）计算藻株干重 mg/L。

$$藻株干重 = 1\,000(W_2 - W_1)/150, \tag{7.1}$$

式中，W_2——烘干后藻粉重量；

W_1——滤纸重量。

藻株干重每 2 d 测量一次，用于绘制生长曲线。

7.2.5.3　氯仿甲醇法测定总酯

将 7.2.5.2 干燥后的藻粉连同滤纸剪碎，置于 15 mL 离心管，加入 2.5 mL 氯仿、5 mL 甲醇、2 mL 蒸馏水，于漩涡振荡器上震荡 5 min 混匀。使用细胞破碎仪（SCIIENTZ-IID，宁波，中国）破碎细胞 8 min 后，超声波提取 30 min，摇床振荡提取 2 h，4 500 r/min 离心 7 min，收集上清液，下层沉淀重复以上操作 2 次。合并所有提取液，加入氯仿和水，控制氯仿、甲醇、蒸馏水体积比为 1 : 1 : 0.9。混合液摇匀静置 1 h，分层后取下层氯仿层，70℃水浴蒸干氯仿，70℃烘干至恒重（班剑娇 等，2013）。称量所得油脂，依据公式（7.2）和（7.3）分别计算总脂含量和总脂产率。

$$总脂含量 = W_2/W_1 \times 100\%, \tag{7.2}$$

式中，W_2——所得油脂重量（mg）；

W_1——藻粉干重（mg）。

$$总脂产率 = W/t, \tag{7.3}$$

式中，W——所得单位体积油脂重量（mg/L）；

t——培养天数（d）。

7.2.5.4　藻株藻油成分的分析

藻油的甲酯化（窦晓 等，2013）：将所得到的藻油用氯仿溶解，转入1.5 mL Agillient 玻璃瓶中，加入 1 mL 浓度为 1 mol/L 的硫酸甲醇溶液，充 N_2 密封，于 100℃ 反应 1 h，自然冷却，加入 200 μL 去离子水，混匀，用 200 μL 正己烷萃取 3 次，合并有机相，转入 1.5 mL Agilliene 玻璃瓶中，N_2 吹干，称重。

气象色谱-质谱联用定性分析：采用 Agillient 公司生长的 7890-N5973 型气质联用仪（GC-MS）对甲酯化后微藻油脂中的脂肪酸甲酯进行定性分析。

GC-MS 条件设置：RTW-WAX（30 m × 0.25 mm，0.5 μm）。柱升温程序：从 50℃ 升至 150℃，保持 2 min；以 10℃/min 升至 200℃，保持 6 min；以 10℃/min 升至 230℃，保持 30 min；再以 10℃/min 升至 240℃，保持 10 min。载气：氦气；载气流速：0.35 mL/min；电子电离源；电子能量：70 eV；质谱扫描范围（m/z）：20~450；进样量：0.2 μL；质谱谱库：NIST 05 质谱库。确定各成分的分子结构，并采用峰面积归一化法求得各组分相对含量。

7.3　结果

7.3.1　共生藻的形态特征

　　光学显微镜显示，藻体呈球形至椭球形（见图 7.2k，7.2n），不同生长时期藻细胞体积变化较大（见图 7.2b-7.2i）。年轻细胞的细胞壁薄，成熟后细胞壁逐渐增厚（见图 7.2j-7.2m）。叶绿体杯状，周位，具或不具顶端开口，常占满整个细胞。年老细胞色素体呈离散状。每片叶绿体包含一个大而明显的蛋白核（见图 7.2k）。藻体通过动孢子进行无性生殖（见图 7.2l），或形成同形配子进行有性生殖，在特定条件下可形成静孢子。静孢子囊或动孢子囊均具 8~32 个孢子（见图 7.2d，7.2j）。游动细胞椭圆形，具两条等长的鞭毛（见图 7.2o）。释放出的孢子游动不长时间后失去鞭毛，由梭形逐渐发育为圆形。释放的孢子有的相邻发育，形成不育群体；有的孢子没有释放在母体内发育，形成不育群体；光学显微镜下常会观察到藻株群体，甚至多个群体在一起，因此游动性差，常贴壁生长，容易沉降。培养后，绿球藻的藻液为深绿色，其干燥之后的藻粉为墨绿色，并伴有藻类特有的腥味，其培养的最适宜生长温度为 25℃左右。

　　扫描电子显微镜显示，藻株细胞呈球形或梭形，和普通光学显微镜下观察到的细胞壁不同，细胞壁表面稍微具有不规则的肋网。多数细胞聚集，或者游动孢子未释放，在母体发育形成群体（见图 7.3）。

　　透射电子显微镜显示，藻株具有 2 层细胞壁。每个细胞具备一套简单的细胞器，主要包括：细胞核、线粒体、高尔基体、内质网、叶绿体。细胞叶绿体呈球形、连续中空，占细胞大部分体积，类囊体呈长片、排列紧密、

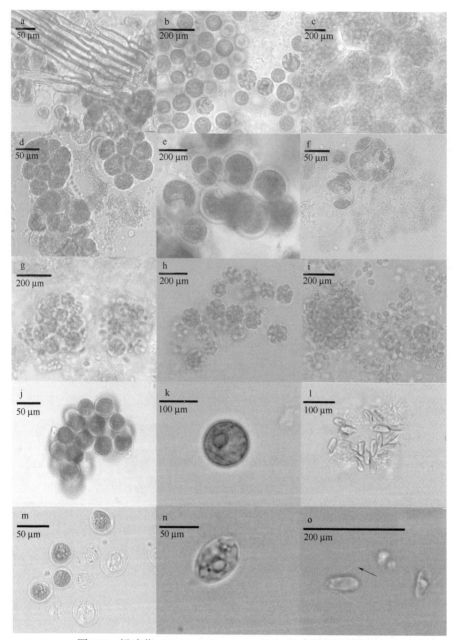

图 7.2　绿球藻（*Chlorococcum* sp. GD）的光学显微镜照片

a. 与钝叶绢藓植物共生；b、j. 绿球藻成熟细胞群体形态；c、g~i. 绿球藻动孢子囊群体形态；

d~f. 年老细胞群体形态；k、n. 细胞形状；l、o. 示动孢子形态；m. 年老细胞形态

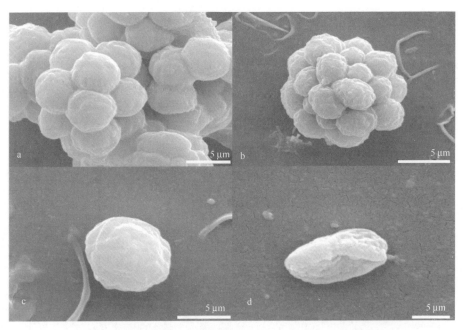

图 7.3 绿球藻 (*Chlorococcum* sp. GD) 的扫描电子显微镜照片

a、b. 藻株群体；c、d. 单个藻株

成束状，未见堆叠的基粒结构，在类囊体上分布着许多电子密度较高的质体小球，淀粉粒形状不规则，堆积在类囊体上。在细胞的一侧，类囊体包裹着一个大的蛋白核，蛋白核的四周包裹有淀粉鞘，有的淀粉鞘内陷。蛋白核被纤细的指状双层类囊体膜通道从各个方面穿刺，这些双层膜源于叶绿体。蛋白核上形成的通道和细胞的年龄有关，内陷特征在细胞幼年时较少，老年时较多，并且淀粉鞘变薄。细胞核位于叶绿体包裹的蛋白核凹面对面，核仁明显。线粒体呈扁平囊状。细胞质中有电子密度较低的脂肪体结构，脂肪体大小不等，形状为球形、椭圆形和长圆形。脂肪体较大，有些脂肪体相互融合，不规则，呈现大片的色素沉积区（见图 7.4）。

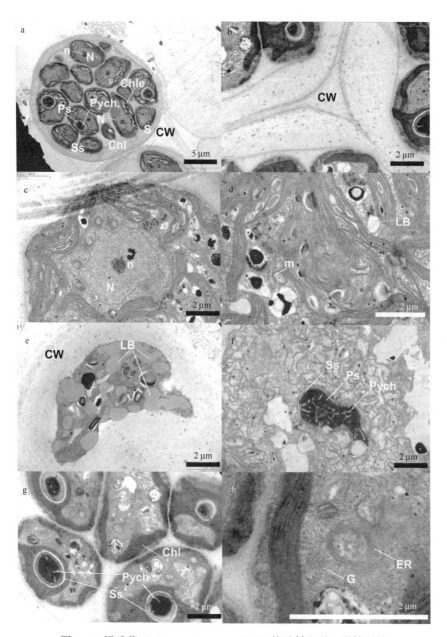

图 7.4　绿球藻（*Chlorococcum* sp. GD）的透射电子显微镜照片

a. 营养细胞，×6 000；b. 细胞壁，×15 000；c. 细胞核，×15 000；d. 线粒体，×15 000；e. 油脂颗粒，×15 000；f. 蛋白核，×15 000；g. 叶绿体，蛋白核，×15 000；h. 高尔基体，内质网，×15 000；CW. 细胞壁；Chle. 叶绿体被膜；Chl. 叶绿体片层；S. 淀粉颗粒；m. 线粒体；Ps. 蛋白核基质；Ss. 淀粉鞘；Pych. 源自叶绿体的类囊体膜穿刺蛋白核形成的双层膜通道；G. 高尔基体；N. 细胞核；n. 核仁；ER. 内质网；LB. 油滴基于以上观察，所分离的共生藻形态类似于绿藻纲下的绿球藻属（*Chlorococcum*）（Starr，1955；Péterfi et al.，1988），两者仅在细胞壁光滑与否这一形态特征上有所区别。

7.3.2　序列分析

本研究扩增得到绿球藻（*Chlorococcum* sp. GD）的 18S rDNA、*rbc*L cpDNA 和 ITS 序列长度分别为 1 363 bp、649 bp 和 633 bp。

7.3.3　系统发育分析

本实验所用 18S rDNA、*rbc*L cpDNA 和 ITS 序列的数据集最合适的进化模型及相关参数见表 7.3。

表 7.3　Modeltest 3.7 检验得到的优化模型参数

基因	模型选择	碱基频率	比率矩阵
18S rDNA	TIM+I+G	A= 0.251 7	R（a）［A-C］= 1.000 0
	（I）= 0.450 6	C= 0.205 1	R（b）［A-G］= 2.717 9
	（G）= 0.471 8	G= 0.283 1	R（c）［A-T］= 1.202 2
		T= 0.260 1	R（d）［C-G］= 1.202 2
			R（e）［C-T］= 6.246 5
			R（f）［G-T］= 1.000 0
*rbc*L cpDNA	TrN+I+G	A = 0.265 7	R（a）［A-C］= 0.869 9
	（I）= 0.410 8	C = 0.144 8	R（b）［A-G］= 1.904 2
	（G）= 0.774 3	G = 0.211 2	R（c）［A-T］= 3.709 4
		T = 0.378 3	R（d）［C-G］= 0.679 4
			R（e）［C-T］= 5.757 4
			R（f）［G-T］= 1.000 0

续表

基因	模型选择	碱基频率	比率矩阵
ITS	SYM+G	A = 0.250 0	R (a) [A−C] = 1.322 4
	(I) = 0	C = 0.250 0	R (b) [A−G] = 2.401 6
	(G) = 0.475 3	G = 0.250 0	R (c) [A−T] = 1.674 1
		T = 0.250 0	R (d) [C−G] = 0.500 6
			R (e) [C−T] = 4.517 3
			R (f) [G−T] = 1.000 0

基于 18S rDNA 序列，以贝叶斯法（BI）、最大似然法（ML）、邻近法（NJ）构建的系统树拓扑结构大致相同（见图 7.5 至图 7.7）。从图可以看出，本实验分离得到的共生绿藻绿球藻 *Chlorococcum* sp. GD 与 *Chlorococcum* cf. *sphacosum*（KM020102）、*Chlorococcum oleofaciens*（KM020101）、*Chlorococcum* cf. *sphacosum*（KF144183）、*Neospongiococcum gelatinosum*（JN968584）、*Chlorococcum oleofaciens*（COU41176）、*Pleurastrum insigne*（Z28972）以及 *Neospongiococcum gelatinosum*（KM020103）亲缘关系较近，形成一支，支持率较高（BI 支持率、ML 支持率、NJ 支持率分别为 0.66、997、99）。

基于 *rbc*L cpDNA 序列，以贝叶斯法、最大似然法和邻近法构建的系统树拓扑结构大致相同（见图 7.8 至图 7.10）。从图可以看出，本实验分离得到的共生绿藻绿球藻 *Chlorococcum* sp. GD 与 *Chlorococcum sphacosum* SAG 亲缘关系较近，形成一支，ML 支持率、NJ 支持率、BI 支持率分别为 0.71、0、78。绿球藻 *Chlorococcum* sp. GD 与 *Chlorococcum sphacosum* SAG 聚为一支后再与 *Pleurastrum insigne* SAG、*Neospongiococcum gelatinosum* SAG、*Chlorococcum oleofaciens* SAG 形成一个簇，支持率较高（BI 支持率、ML 支持率、NJ 支持率分别为 1.00、996、99）。

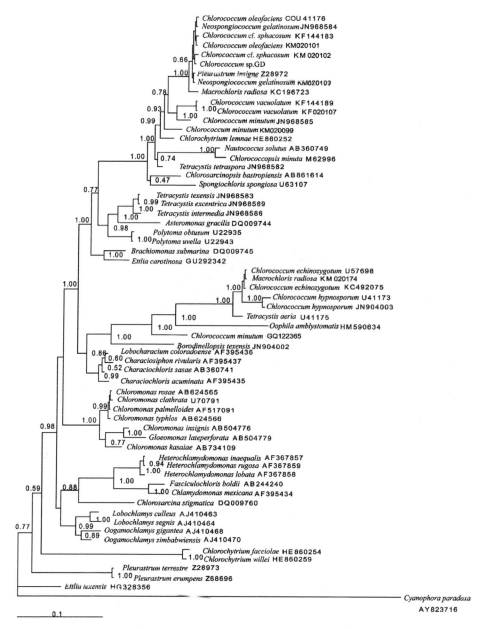

图 7.5　基于 18S rDNA 基因构建的 BI 树

节点处代表系统树的支持率，小于 0.5 的未显示

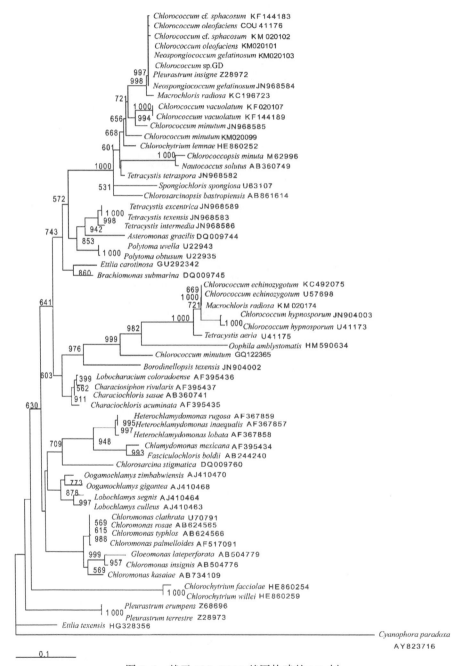

图 7.6　基于 18S rDNA 基因构建的 ML 树

节点处代表系统树的支持率，小于 500 的未显示

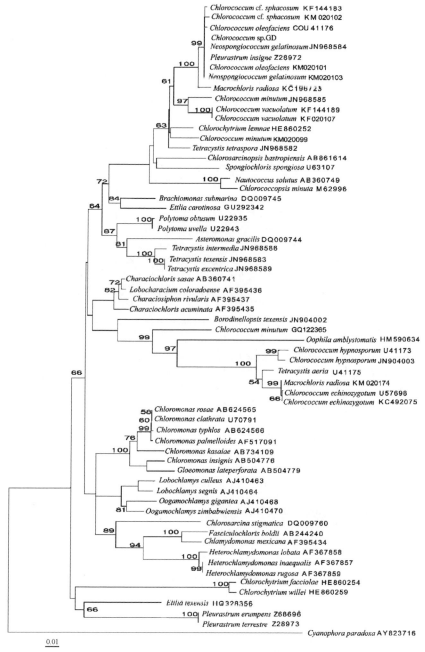

图 7.7　基于 18S rDNA 基因构建的 NJ 树

节点处代表系统树的支持率，小于 50 的未显示

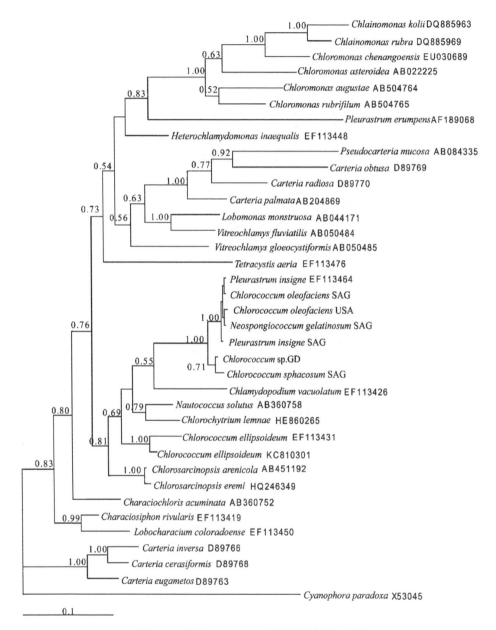

图 7.8　基于 *rbc*L cpDNA 基因构建的 BI 树

节点处代表系统树的支持率，小于 0.5 的未显示

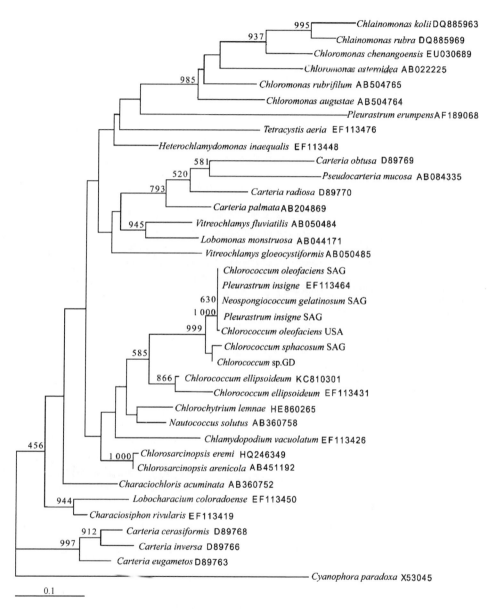

图 7.9　基于 *rbc*L cpDNA 基因构建的 ML 树

节点处代表系统树的支持率，小于 500 的未显示

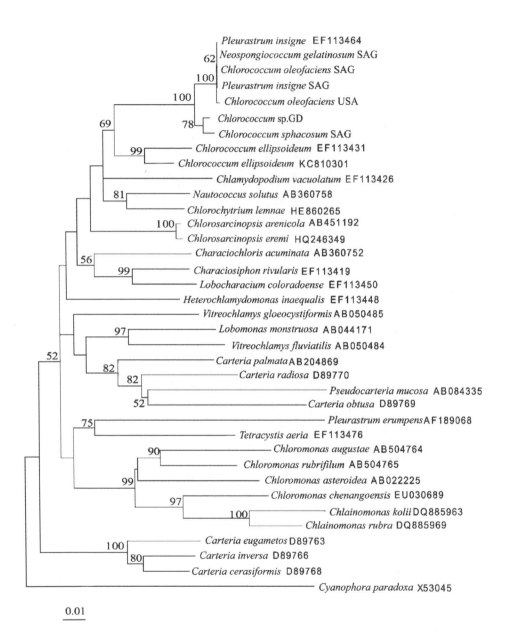

图 7.10 基于 *rbc*L cpDNA 基因构建的 NJ 树

节点处代表系统树的支持率，小于 50 的未显示

　　基于 ITS 序列，以贝叶斯法、最大似然法和邻近法构建的系统树拓扑结构大致相同，如图 7. 11 至图 7. 13。从图可以看出，本实验分离得到的共生绿藻绿球藻 *Chlorococcum* sp. GD 与 *Chlorococcum sphacosum* SAG 亲缘关系较近，形成一支，支持率较高（BI 支持率、ML 支持率、NJ 支持率分别为 1. 00、1 000、98）。绿球藻 *Chlorococcum* sp. GD 与 *Chlorococcum sphacosum* SAG 聚为一支后再与 *Pleurastrum insigne* SAG、*Neospongiococcum gelatinosum* SAG、*Chlorococcum oleofaciens* USA、*Chlorococcum oleofaciens* SAG、*Pleurastrum insigne*（EF113464）形成一个簇，支持率较高（BI 支持率、ML 支持率、NJ 支持率分别为 1. 00、99、1. 00）。

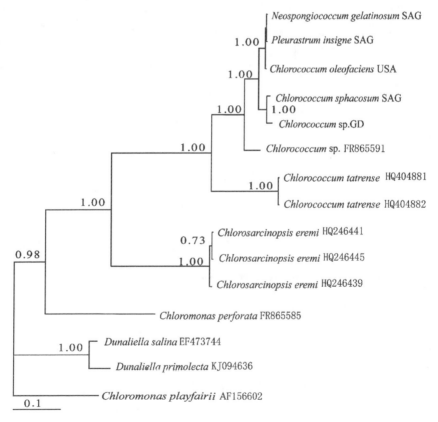

图 7. 11　基于 ITS 基因构建的 BI 树

节点处代表系统树的支持率，小于 0. 5 的未显示

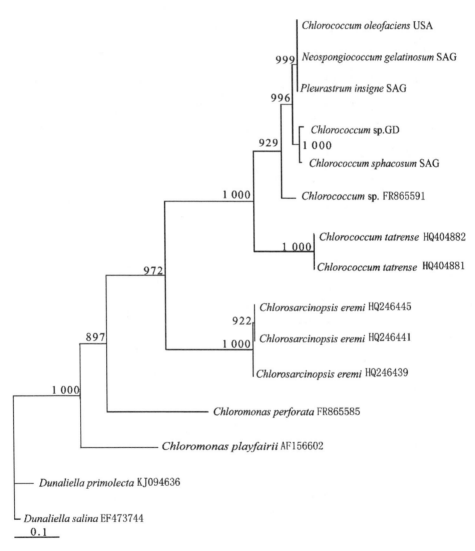

图 7.12 基于 ITS 基因构建的 ML 树

节点处代表系统树的支持率，小于 500 的未显示

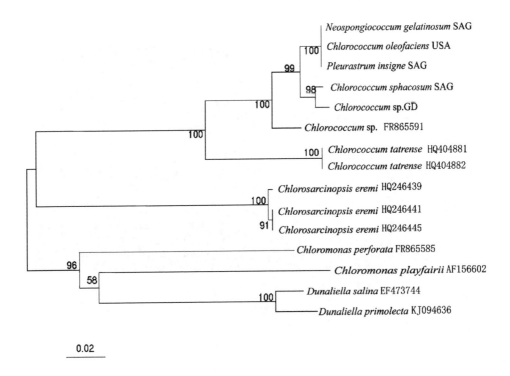

图 7.13　基于 ITS 基因构建的 NJ 树

节点处代表系统树的支持率，小于 50 的未显示

7.3.4　藻株油脂提取及成分分析

尼罗红 NR 是一种荧光染料，具有强疏水性，结合中性脂呈现黄色荧光，结合极性脂呈现橙色荧光（Greenspan et al.，1985）。图 7.14 显示绿球藻（*Chlorococcum* sp. GD）NR 染色后发出明显的荧光。

图 7.15 显示，藻株在前 20 d 处于对数生长期，20 d 后逐渐进入稳定期。

通过计算得到单位体积藻粉干重、总脂含量、总脂产率等数据结果如表 7.4 所示。

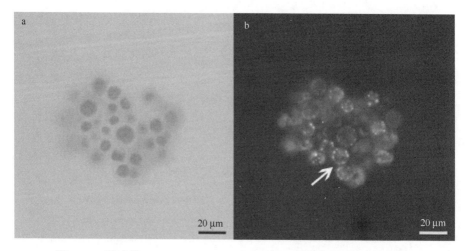

图 7.14　绿球藻（*Chlorococcum* sp. GD）尼罗红染色前后的显微照片

a. 在尼罗红染色前的显微照片；b. 在尼罗红染色后的显微照片；箭头为油脂颗粒

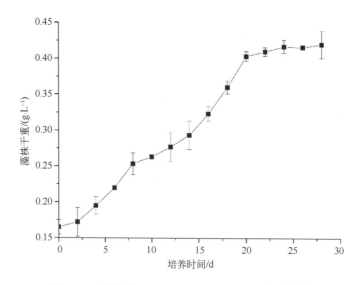

图 7.15　绿球藻（*Chlorococcum* sp. GD）生长曲线

表 7.4　藻株干重、总脂含量（干重）、总脂产率值

藻株	单位体积藻粉干重/(mg·L⁻¹)	总脂含量/(%)	单位体积总脂产率/(mg·L⁻¹·d⁻¹)
共生藻	500	40	0.1

　　取甲酯化之后的绿球藻（*Chlorococcum* sp. GD）藻油，采用气象色谱-质谱（GC-MS）联用定性分析，如图 7.16 所示，与 NIST 05 质谱库相应标准谱图进行对比，确定了 9 种脂肪酸成分，采用峰面积归一化法测定了藻油各组分的相对含量（表 7.5）。

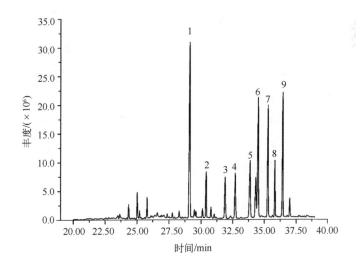

图 7.16　绿球藻（*Chlorococcum* sp. GD）藻油甲酯的气质联用总离子流图

1. C16：0；2. C16：2；3. C16：3；4）C22：6；5. C18：0；6. C18：1；7. C18：2；8. C20：0；9. C18：3

表 7.5　绿球藻（*Chlorococcum* sp. GD）脂肪酸组成

序号	时间/min	脂肪酸	相对含量/(%)
1	29.146	Hexadecanoic acld	23.101
2	30.404	7,10-Hexadecadienoic acid	4.971
3	31.909	7,10,13-Hexadecatrienoic acid	5.232

续表

序号	时间/min	脂肪酸	相对含量/(%)
4	32.697	4,7,10,13,16,19-Docosahexaenoic acid（all-Z）	5.873
5	33.873	Octadecanoic acid	8.745
6	34.522	9-Octadecenoic acid（Z）	21.617
7	35.300	9,12-Octadecadienoic acid（Z，Z）	12.546
8	35.842	6,9,12-Octadecatrienoic acid	5.199
9	36.464	9,12,15-Octadecatrienoic acid（Z，Z，Z）	12.717

结合图7.16和图7.17可以看出，绿球藻（*Chlorococcum* sp. GD）由9种脂肪酸组成，分别是饱和脂肪酸棕榈酸（C16∶0）、硬脂酸（C18∶0）、亚麻酸（C20∶0）、不饱和脂肪酸7,10-Hexadecadienoic acid（C16∶2）、7,10,13-Hexadecatrienoic acid（C16∶3）、4,7,10,13,16,19-Docosahexaenoic acid（all-Z）-（C22∶6）、9-Octadecenoic acid（Z）-（C18∶1）、9,12-Octadecadienoic acid（Z，Z）-（C18∶2）、9,12,15-Octadecatrienoic acid（Z,Z,Z）-（C18∶3）。其中棕榈酸（C16∶0）含量较大，为23.101%。

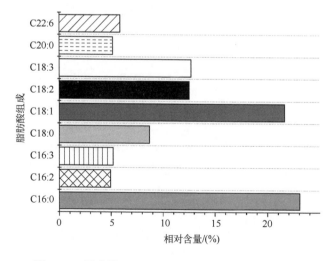

图7.17　绿球藻（*Chlorococcum* sp. GD）的脂肪酸组成

7.4 讨论

绿球藻属由 Meneghini 在 1842 年首次描述。Starr（1955）进一步指出绿球藻属的典型特征，即具有不能动的营养细胞、一个包裹蛋白核的杯状叶绿体和两条等长鞭毛的游动孢子。此属植物多为气生或亚气生，少数水生（毕列爵 等，2004）。此外，Rahat 等（1986）发现绿球藻能够与水螅（*Hydra magnipapillata*）共生。本研究从钝叶绢藓中成功分离得到一株绿球藻，拓宽了该属成员的生境范围。

目前，鉴定绿球藻属植物的主要手段依然是传统的形态分类。本研究通过对藻株的显微及亚显微形态的详细观察，发现其与 *Chlorococcum sphacosum* 具有较为相似的形态特征。

Archibald 等（1970）第一次报道了 *Chlorococcum sphacosum* 的形态特征及营养特点，该种因植物体分离于生长泥炭藓（*Sphagnum*）的沼泽而得名。根据 Archibald 等（1970）的描述，*Chlorococcum sphacosum* 营养细胞呈球形，培养两周后直径为 15~25 μm。细胞膜壁厚约 0.5 μm，进入稳定期后细胞壁增大至 1 μm，大多数细胞呈椭圆形；蛋白核被连续的淀粉鞘包围。细胞单核。植物体通过游动孢子和不动孢子进行繁殖，游动孢子呈卵圆形，长 10 μm，宽 3.5 μm。细胞核在尾部；眼点在前部，1 个。

此外，*Chlorococcum minutum* 与 *Chlorococcum sphacosum* 具有较为相似的形态特征。*Chlorococcum minutum* 由 Starr 在 1955 年进行了首次报道，该种的特征是：营养细胞直径为 4~6 μm，大部分细胞呈卵圆形或近球形。细胞直径在稳定期增大到 20 μm，细胞壁厚为 5~6 μm；叶绿体包含一个大的蛋白核，蛋白核被连续的淀粉鞘包裹。通过形成不动孢子和游动孢子进行无性生殖，游动孢子长 6~7 μm，宽 3~5 μm。细胞核在后部，眼点在前部。游动孢子形成于老细胞。有性繁殖形成具有光滑细胞壁的休眠合子（Starr，

1955)。Starr 还报道了这一物种的同形配子有性生殖，但是 Archibald 等（1970）尝试观察了很多次没有发现，并指出，*Chlorococcum sphacosum* 的植株群体光滑，而 *Chlorococcum minutum* 的植株群体粗糙，它们之间的主要区别是藻株大小和植株群体光滑或粗糙。

Ettl 等（1995）将 *Chlorococcum sphacosum* 同义于 *Chlorococcum minutum*，并指出 *Chlorococcum minutum* 的特征是：细胞椭球形或略成卵形，成体为球状，老细胞的细胞壁增厚。叶绿体杯形，开口大；从表面观，叶绿体长并且呈弯曲形，具有一个大的椭球蛋白核，蛋白核具有连续的中空外壳。细胞核在偏中心处。在叶绿体的开口处有两个空泡，游动孢子椭圆形至卵形，细胞核位于后部，细胞直径 6.5 ~ 25 μm，游动孢子长 7 ~ 10 μm，宽 2.5 ~ 5 μm。Ettl 等（1995）的修订扩大了 *Chlorococcum minutum* 的细胞直径。同时他们还将 *Chlorococcum scabellum* Deason & Bold 1960、*Chlorococcum aureum* Archibald & Bold 1970、*Chlorococcum reticulatum* Archibald & Bold 1970、*Chlorococcum typicum* Archibald & Bold 1970 均并入 *Chlorococcum minutum*。

球状绿藻由于其植物体较小，可用于分类的形态特征较少，单纯依靠形态特征有时难以进行分类。借助分子生物学手段可以更好地界定绿球藻属植物的种类，而且可进一步了解绿球藻属植物的起源、发生途径及系统发育关系。其中，18S rDNA、*rbc*L cpDNA 和 ITS 序列是目前绿藻分类学研究中较为常用的 3 个分子标记。

18S rDNA 序列保守度高，比较容易用通用引物扩增，已经被广泛应用于较高分类阶元的系统学研究（Andersen et al.，1999）。*rbc*L cpDNA 由于进化速率相对较慢，已经被广泛应用于分析属及属以上分类阶元的系统学研究（Entwisle et al.，2009）。ITS 序列在进化中变化速率较快，具有高度的变异性，常用于研究属内、种间、亚种等阶元的系统关系（Garcia-Martinez et al.，1996）。因此，相比 18S rDNA 而言，*rbc*L cpDNA 和 ITS 序列相对变异度较高，在种的鉴定上更加具有参考价值（Buchheim et al.，1996；Kaur et al., 2012；Kawaida et al., 2013)。本实验基于绿藻 18S rDNA，*rbc*L cpDNA 和 ITS 序列构建系统树，能够更客观地反映研究对象的分类地位。

从 18S rDNA 系统发育树可以看出绿球藻属是多系起源的，*Chlorococcum oleofaciens*、*Chlorococcum sphacosum* 相对关系较近，而 *Chlorococcum echinozygotum* 和 *Chlorococcum hypnosporum* 具有较近的亲缘关系。此外，从系统发育树可以看出，*Chlorococcum sphacosum* 和 *Chlorococcum minutum* 相对关系较远，并且 *Chlorococcum minutum* 的 3 个株系（JN968585、KM020099、GQ122365）位于系统发育树的不同位置。根据分子系统发育树结果，考虑 *Chlorococcum sphacosum* 应该脱离 *Chlorococcum minutum*，独立成为一个种，同时，*Chlorococcum minutum* 也需要进一步修订。此外，*Chlorococcum sphacosum* 与 *Chlorococcum oleofaciens*、*Neospongiococcum gelatinosum*、*Pleurastrum insigne* 的关系同样需要进一步探讨。

从 18S rDNA，*rbc*L cpDNA 和 ITS 基因构建的系统发育树结果来看，本实验分离的共生绿藻 *Chlorococcum sphacosum* 亲缘关系最近，并且两者具有相近的生境关系。但如前所述，两者在细胞壁光滑与否这一特征上有所区别，且 *Chlorococcum sphacosum* 的分类地位存在争议。因此，在该种的分类问题修订之前，我们仍暂时将本研究藻株定为 "*Chlorococcum* sp. GD"。

此外，光学显微镜观察显示，共生绿藻具有游动孢子，这为能够进入苔藓内部提供了条件。透射电子显微镜显示，叶绿体一方面紧贴细胞内壁伸展，长形类囊体层平行密集排列、无基粒结构，这大大增加了类囊体膜表面积和叶绿体内膜面积体积比，能更高效地吸收、转化光能，为适应共生生境打下了基础。另一方面，藻体具有很多脂质体和淀粉粒。脂质提取实验结果显示，总脂含量为 40%、单位体积总脂产率为 0.1 mg/(L·d)，油脂含量较高，这与亚显微观察结果一致。藻株积累脂肪体和淀粉粒等能量物质，可能是该藻与苔藓长期共生过程中形成的一种特性，能在抵御不良环境中起重要作用。

7.5　小结

本研究结合形态学特征和多分子标记报道了一株苔藓内生绿藻，发现其与 *Chlorococcum sphacosum* 可能具有较近的亲缘关系，但由于该种具有较为复杂的分类学问题，我们仍暂时将本研究藻株定为 *Chlorococcum* sp. GD。此外，本研究通过多手段联用对绿球藻属 *Chlorococcum* 成员进行了分类学探讨，其结果对该属的分类学修订提供了有益参考，同时也为本研究藻株 *Chlorococcum* sp. GD 的进一步开发和生产应用打下了基础。

参考文献

班剑娇, 冯佳, 谢树莲, 2013. 山西地区高脂微藻的分离筛选 ［J］. 植物科学学报, 31 (4): 415-421.

毕列爵, 胡征宇, 2004. 中国淡水藻志　第八卷　绿藻门　绿球藻目 (上) ［M］. 北京: 科学出版社.

窦晓, 陆向红, 卢美贞, 等, 2013. 碳源种类及碳氮比对眼点拟微绿球藻生长密度、油脂含量和脂肪酸组成的影响 ［J］. 生物工程学报, 29 (3): 358-369.

郭斌, 张向达, 尉亚辉, 2012. 光照强度对蛇足石杉共生蓝藻细胞悬浮培养的影响 ［J］. 光子学报, 41 (1): 102-106.

张青, 史全良, 2010. 不同生长基质中叶状地衣共生藻的分离与鉴定 ［J］. 生态环境学报, 19 (12): 2850-2856.

ANDERSEN R A, VAN DE PEER Y, POTTER D, et al., 1999. Phylogenetic analysis of the SSU rRNA from members of the Chrysophyceae ［J］. Protist, 150 (1): 71-84.

ARCHIBALD P A, BOLD H C, 1970. Phycological Studies—XI. The Genus *Chlorococcum* Meneghini ［M］. University of Texas at Austin.

BUCHHEIM M A, LEMIEUX C, OTIS C, et al., 1996. Phylogeny of the Chlamydomonadales (Chlorophyceae): a comparison of ribosomal RNA gene sequences from the nucleus and the chloroplast [J]. Molecular phylogenetics and evolution, 5 (2): 391-402.

ENTWISLE T J, VIS M L, CHIASSON W B, et al., 2009. Systematics of the Batrachospermales (Rhodophyta) —A synthesis 1 [J]. Journal of Phycology, 45 (3): 704-715.

GARCIA-MARTINEZ J, MARTÍNEZ-MURCIA A, ANTON A I, et al., 1996. Comparison of the small 16S to 23S intergenic spacer region (ISR) of the rRNA operons of some *Escherichia coli* strains of the ECOR collection and E. coli K-12 [J]. Journal of Bacteriology, 178 (21): 6374-6377.

ETTL H, GÄRTNER G, 1995. Syllabus der Boden-, Luft- und Flechtenalgen [J]. i-vii, 1-721. Stuttgart: Gustav Fischer.

GREENSPAN P, FOWLER S D, 1985. Spectrouorometric studies of the lipid probe, Nile red [J]. J Lipid Res, 26 (7): 781-789.

GUINDON S, GASCUEL O, 2003. A simple, fast, and accurate algorithm to estimate large phylogenies by maximum likelihood [J]. Systematic biology, 52 (5): 696-704.

KAUR S, SARKAR M, SRIVASTAVA R B, et al., 2012. Fatty acid profiling and molecular characterization of some freshwater microalgae from India with potential for biodiesel production [J]. New Biotechnology, 29 (3): 332-344.

KAWAIDA H, OHBA K, KOUTAKE Y, et al., 2013. Symbiosis between hydra and chlorella: molecular phylogenetic analysis and experimental study provide insight into its origin and evolution [J]. Molecular phylogenetics and evolution, 66 (3): 906-914.

NOZAKI H, ITO M, SANO R, et al., 1997. Phylogenetic analysis of *Yamagishlelia* and *Platydorina* (Volvcaceae, Chlopophyta) based on *rbc*L gene sequences [J]. Journal of Phycology, 33 (2): 272-278.

OLMOS J, PANIAGUA J, CONTRERAS R. 2000. Molecular identification of *Dunaliella* sp. utilizing the 18S rDNA gene [J]. Letters in applied microbiology, 30 (1): 80-84.

PÉTERFI L , MOMEU L, NAGY-TÓTH F, et al., 1988. Observations on the Fine Structure of *Chlorococcum Minutum* Starr (Chlorococcales, Chlorophyceae). Vegetative Cells and Zoospores [J]. Archiv fü Protistenkunde, 135 (1-4): 133-145.

POSADA D, 2008. jModelTest: phylogenetic model averaging ［J］. Molecular biology and evolution, 25（7）: 1253-1256.

RAHAT M, REICH V, 1986. Algal endosymbiosis in brown hydra: host/symbiont specificity ［J］. Journal of cell science, 86（1）: 273-286.

RONQUIST F, HUELSENBECK J P, 2003. MrBayes 3: Bayesian phylogenetic inference under mixed models ［J］. Bioinformatics, 19（12）: 1572-1574.

STARR R C, 1955. A comparative study of *Chlorococcum meneghini* and other spherical zoospore-producing genera of the Chlorococcales ［J］. Indiana University of Publ., Sci. ser., 20: 1-111.

TAMURA K, PETERSON D, PETERSON N, et al., 2011. MEGA5: molecular evolutionary genetics analysis using maximum likelihood, evolutionary distance, and maximum parsimony methods ［J］. Molecular biology and evolution, 28（10）: 2731-2739.

第8章 结 论

本书以一株绿球藻（*Chlorococcum sp. GD*）为原材料提取活性成分多糖，首先研究了利用热水浸提法提取绿球藻多糖的工艺。其次在测定分离纯化后多糖的纯度和相关信息基础上，考察了绿球藻多糖的抗氧化性能和对常见食品致病菌的抑菌活性。最后以壳聚糖为制膜基料，通过添加绿球藻多糖制备复合膜，弥补单一膜的不足，考察了绿球藻多糖不同添加量对复合膜性能的影响。本书为壳聚糖/绿球藻多糖复合膜的进一步开发提供了科学依据，也为绿球藻多糖作为抗氧化剂和抗菌剂的开发、应用及推广提供理论支持和生产经验。

主要结论如下：

（1）绿球藻多糖的热水浸提工艺条件优化。以绿球藻为原料，采用热水浸提法提取绿球藻多糖，选取提取时间、提取温度、料液比作为主要影响因素进行单因素实验。在此基础上，设计了三因素三水平的响应曲面优化分析实验。所得数据用 Design Expert 8.0 软件处理，最终得到 3 个因素对绿球藻多糖提取率的影响大小顺序为提取时间、提取温度、料液比。结合实际操作，得出绿球藻多糖提取的最佳工艺条件为提取时间 3 h、提取温度 80℃、料液比 1∶26。在此条件下，绿球藻多糖提取率达到 4.21%，基本与预测值一致。

（2）绿球藻多糖的分离纯化、纯度及相关信息测定。本部分研究表明：绿球藻粗多糖（CCP）经 DEAE-52 纤维素柱层析分离，可得到 3 个组分（CPP-Ⅰ、CPP-Ⅱ和 CPP-Ⅲ），经硫酸-苯酚法测定其百分含量分别占到 CCP 的 50.80%、25.70% 和 5.43%。进一步对主要组分 CPP-Ⅰ用 Sephadex G-150 凝胶层析柱纯化，可得单一组分 CPP-Ⅳ。纯化后得到的 CPP-Ⅳ为纯度较高的白色结晶物，属于水溶性酸性多糖。绿球藻纯多糖 CPP-Ⅳ 分子量为 8 090.31 Da，其单糖组成主要是：甘露糖、鼠李糖、半乳糖醛酸、葡萄糖、半乳糖、木糖和岩藻糖，摩尔比为 1.68∶3.26∶0.09∶1.00∶4.56∶8.11∶0.28。

（3）绿球藻多糖抗氧化活性测定。实验结果表明，CCP 和纯多糖（CPP）具有清除 DPPH 自由基、羟基自由基（-OH）、超氧阴离子自由基（O_2^-）、螯合金属 Fe^{2+} 离子、清除 ABTS 自由基和还原力的能力，且 CPP-Ⅳ 抗氧化活性显著大于 CCP（$P \leqslant 0.05$），清除率随着多糖浓度的增加而增加。尽管 CPP 对 3 种活性氧自由基的清除能力低于阳性对照维生素 C，对金属铁离子的螯合率也低于 EDTA-2Na，但 CPP 不仅对自由基有清除活性，而且对亚铁离子具有螯合效果，可通过这两种方式起到抗氧化作用，因此作为天然抗氧化剂具有一定前景。

（4）绿球藻多糖抑菌活性测定。在抑菌活性方面，除黑曲霉（*Aspergillus niger*）外，CPP 和 CCP 对金黄色葡萄球菌、大肠杆菌、枯草芽孢杆菌、变形杆菌、产气杆菌、黄曲霉和白色念珠菌均表现出不同程度的抑制作用。对同一种菌，CPP 比 CCP 的抑菌效果强；当浓度为 30 mg/mL 时，CPP 对供试细菌抑菌圈直径的影响均显著高于 CCP（$P \leqslant 0.05$），其中 CPP 对金黄色葡萄球菌和枯草芽孢杆菌抑制作用较强，抑菌圈直径分别达到 16.57 mm 和 16.41 mm，显著高于 CCP 的 11.94 mm 和 10.42 mm。绿球藻多糖对革兰氏阳性菌的抑制作用要大于革兰氏阴性菌。

（5）壳聚糖/绿球藻多糖复合膜的制备及性能测定。将绿球藻多糖与壳聚糖共混，改善了纯壳聚糖膜的性能，并通过溶液共混制备了绿球壳聚糖/藻多糖复合膜。在此基础上，进一步考察了壳聚糖/绿球藻多糖复合膜的理化性质、机械性能和对 DPPH 自由基的清除率，并对其结构变化进行了分析。通过向复合膜中分别添加 0.5%、1% 的绿球藻多糖，并由 X 射线衍射分析可知，藻多糖的添加减弱了壳聚糖的结晶性，与壳聚糖分子可以很好地相溶。由 SEM 扫描和 AFM 扫描分析可知，藻多糖添加过多会使壳聚糖/

绿球藻多糖复合膜粗糙度增加，均匀度和表面平整度下降。随着绿球藻多糖的增加，复合膜的密度、厚度、溶解度和溶胀度升高，水蒸气透过率降低。这说明绿球藻多糖作为天然活性物质与壳聚糖膜有良好的复合相容性，促使壳聚糖分子形成氢键，使两者结合得更加密切，形成紧密结构，使得通透性下降，因此水蒸气透过率下降。此外，绿球藻多糖具有亲水性，导致水分子更容易进入膜体，促进了膜的溶解和溶胀。随着绿球藻多糖的逐渐增加，复合膜对 DPPH 自由基的清除率逐渐提高。这是由于藻多糖中的羟基有较强的供氢能力，阻止自由基间的反应，从而赋予了复合膜较强的抗氧化活性。尽管该复合膜具有一系列的优良性能，我们仍然发现壳聚糖/绿球藻多糖复合膜的机械性能与藻多糖的添加量成负相关关系。因此，壳聚糖/绿球藻多糖复合膜的制膜工艺在机械性能方面仍值得进一步优化。